建设工程测量新技术与实践系列培训教材

市政工程测量与实例

中国建设教育协会　组织编写

中国建筑工业出版社

图书在版编目（CIP）数据

市政工程测量与实例/中国建设教育协会组织编写
.—北京：中国建筑工业出版社，2021.9
建设工程测量新技术与实践系列培训教材
ISBN 978-7-112-26286-1

Ⅰ.①市… Ⅱ.①中… Ⅲ.①市政工程-工程测量-
技术培训-教材 Ⅳ.①TU198

中国版本图书馆 CIP 数据核字（2021）第 129677 号

责任编辑：赵云波
责任校对：党　蕾

建设工程测量新技术与实践系列培训教材
市政工程测量与实例
中国建设教育协会　组织编写

*

中国建筑工业出版社出版、发行（北京海淀三里河路 9 号）
各地新华书店、建筑书店经销
唐山龙达图文制作有限公司制版
北京建筑工业印刷厂印刷

*

开本：787 毫米×1092 毫米　1/16　印张：9¼　字数：228 千字
2021 年 11 月第一版　　2021 年 11 月第一次印刷
定价：**38.00** 元
ISBN 978-7-112-26286-1
(37923)

版权所有　翻印必究
如有印装质量问题，可寄本社图书出版中心退换
（邮政编码 100037）

建设工程测量新技术与实践系列培训教材
编写委员会

主　任：王凤君
副主任：秦长利　李　奇　常　莲
委　员：马雪梅　王树东　刘洪臣　龚洁英
　　　　张　飞　于春生　唐　琦　王惠敏

本书编委会

主　编：胡晓晨
副主编：梁希福　孙江涛
参　编：张雪彬　赵云龙　王贺真　徐　强
　　　　罗海彭　卢　师　黄　勇　段升杰
　　　　易思钰　张　鑫　田　凯　李　明

本书参编单位

北京城建道桥工程试验检测有限公司
北京中睿育博技术咨询有限公司

前　　言

随着社会进步和信息技术的发展，传统测绘技术向数字化测绘技术转化，测量新技术和新设备不断进步，极大地提高了工程测量效率，保障了施工质量。与此同时，新技术对于从业人员的知识结构、职业能力提出了新的要求，现有从业人员的知识、技能和业务素质与行业发展需求有明显的差距，为了提高建设行业工程测量从业人员的职业能力，加强在岗人员职业培训，中国建设教育协会组织具有丰富实践经验的一线专家编写了《城市轨道交通工程测量与实例》《建筑工程测量与实例》《市政工程测量与实例》《盾构隧道工程测量与实例》《中低速磁浮交通工程测量与实例》系列教材，系列教材中引入了互联网信息技术（BIM、GIS 等）、三维激光扫描技术、陀螺仪定向测量技术、InSAR 遥感技术自由设站边角交会测量技术、无人机航拍测量技术，这些新技术极大地解决了行业技术难题，提高了作业效率。

《市政工程测量与实例》一书在传统的测绘知识基础上，借鉴了其他教材的特点，具有通俗性、实用性及先进性的鲜明特点。首先，教材按照通俗易懂、图文并茂的原则进行了改革与尝试。教材的图片均来自于编者亲身经历的工程项目，所有描述的真实性、可靠性均有保障，也有实际意义。同时，每章节除了介绍测量步骤外，还有工程难点或特点相关内容，实际上这些内容是针对测量工作容易出错（或者出现过错误）的环节而编写的，对广大读者是很有借鉴意义的。另外，本书选入了部分符合政策导向项目的内容。将环境工程测量实务单独成章，这样的内容在其他教材中是鲜见的。在测绘新设备、新方法等在工程领域的应用也做了阐述。例如：无人机、三维激光扫描仪、管道机器人等新装备的应用。

本书第一章和第二章由孙江涛、王贺真编写，第三章由段升杰、田凯编写，第四章由罗海鹏、易思钰编写，第五章由卢师、张鑫编写，第六章由黄勇、徐强编写，第七章由张雪彬编写，第八章和第九章由梁希福、赵云龙编写，由胡晓晨进行统稿。

全书由秦长利担任主审，在此表示由衷的感谢！

由于编者水平所限，书中难免有不妥之处，敬请读者批评指正。

编　者

2021 年 6 月

目　　录

第一章　市政工程测量概述

　　市政工程，又称为市政公用设施或基础设施。城市公用设施和城市基础设施、城市发展规划、城市卫生、城市环境保护等方面都属于市政，市政就是把这些事务综合起来，设立各个不同的市政部门，运用各种法律规章和行政手段对其进行管理和规范，保证社会公共事务的正常运行，促使市政、市政管理、城市进步向着良性运行的方向发展。

　　工程测量学是一门研究在工程建设和自然资源开发各个阶段中所进行的控制测量、地形测绘、施工放样、变形监测及建立相应信息系统的理论和技术的学科。市政工程测量是工程测量的一部分，且在市政建设的每一个环节都发挥着重要的作用，如设计阶段建筑用地的选择，道路管线位置的确定等，都在测量所提供的基础地形数据的基础上进行规划设计；施工阶段需要通过测量工作来衔接，配合各项工序的施工，才能保证设计意图的正确执行；竣工后的竣工测量，为工程的验收、日后的扩建和维修管理提供资料；在工程管理阶段，对建（构）筑物进行变形观测，以确保工程的安全使用。

　　市政工程测量的任务主要体现在测定和测设两个方面。测定是指使用测量仪器和工具，通过测量和计算，并按照一定的测量程序和方法将地面上局部区域的各种固定性物体（地物）和地面的形状、大小、高低起伏（地貌）的位置按一定的比例尺和特定的符号缩绘成地形图，以供工程建设的规划、设计、施工和管理使用。测设又称为放样，是指使用测量仪器和工具，按照设计要求，采用一定的方法将设计图纸上设计好的建筑物、构筑物的位置测设到实地，作为工程施工的依据。此外，施工过程中各工程工序的交接和检查、校核、验收工程质量的测量，工程竣工后的竣工测量，监视重要建筑物或构筑物在施工、运营阶段的沉降、位移和倾斜所进行的变形观测等，也是市政工程测量的主要任务。

　　市政工程测量的程序与常规工程测量程序一致，基本可归纳为"先控制后碎部""从整体到局部"和"由高级到低级"。首先需要在整个建筑施工场地范围内进行控制测量，得到一定数量控制点的平面坐标和高程，然后以这些控制点为依据，在局部地区逐个对地物特征点进行测定或测设，如果施工场地范围较大时，控制测量也应由高级到低级逐级加密布置，使控制点的数量和精度均能满足施工测量的要求。因此，测量工作是一个多层次、多工序的复杂工作，为保证测量成果准确无误，在测量工作过程中必须遵循"边工作边检核"的基本原则，即在测量中，不管是外业观测、放线还是内业计算、绘图，每一步工作均应进行检核，上一步工作未做检核前不能进行下一步工作。

　　综上所述，市政工程测量是市政工程建设过程中的重要组成部分，贯穿于市政工程建设的全生命周期，并且测量的精度和进度直接影响到整个工程的质量与进度。因此，本书分别从市政工程测量基本知识及管道工程测量、道路工程测量、高等级公路工程测量、一般桥梁工程测量、复杂结构桥梁工程测量、环境工程测量、测绘新技术在市政工程测量中的应用等市政工程重点领域的实际案例进行详细阐述，以此为同行从业者提供一定的数据和技术支撑。

第二章 市政工程测量基本知识

第一节 常用的测量仪器及技术

1. 全站仪

（1）原理及用途

全站仪又称全站型电子速测仪，是由电子测角、电子测距和数据自动记录等系统组成，测量结果能自动显示、计算和存储，并能与外围设备交换信息的多功能测量仪器。目前，施工测量中使用的大多为自动型全站仪，又称测量机器人，是一种集自动目标识别、自动照准、自动测角与测距、自动目标跟踪、自动记录于一体的测量平台，可迅速获取距离、高差和坐标等测量数据，实现测量工作的自动化、集约化和智能化。

全站仪的应用可归纳为四个方面：一是在地形测量中，可用于控制测量和碎部测量；二是可用于施工放样测量，将设计好的道路、桥梁、管线、工程建设中的建筑物、构筑物等的位置按图纸设计数据测设到地面上；三是可用全站仪进行导线测量、前方交会、后方交会等，不但操作简便而且速度快、精度高；四是通过数据输入/输出接口设备，将全站仪与计算机、绘图仪连接在一起，形成一套完整的测绘系统，从而大大提高测绘工作的质量和效率。

（2）使用注意事项

全站仪是集电子经纬仪、电子测距仪和电子记录装置为一体的现代精密测量仪器，其结构复杂且价格昂贵，因此必须严格按操作规程进行操作，并注意做好维护工作。

1）一般操作注意事项

①使用前应结合仪器，仔细阅读使用说明书。熟悉仪器各项功能和实际操作方法。

②在阳光下作业时，必须打伞，防止阳光直射仪器。望远镜的物镜不能直接对准太阳，以避免损坏照准部的发光二极管及观测者的眼睛。当仪器不得已要迎着日光工作时，应套上滤色镜。

③迁站时即使距离很近，也应调松制动螺旋取下仪器装箱后，方可移动。

④仪器安装在三脚架上前，应旋紧三脚架的三个伸缩螺旋。仪器安置在三脚架上时，应旋紧中心连接螺旋。

⑤运输过程中必须注意防振。

⑥仪器和棱镜在温度的突变中会降低测程，影响测量精度。在外界环境条件下，静置仪器 30min，使仪器和棱镜逐渐适应周围温度后，方可使用。

⑦作业前检查电压是否满足工作要求。

⑧尽量避免用全站仪单独进行较高精度高程测量。

2）仪器的维护保养

①每次作业后，应用毛刷扫去灰尘，然后用软布轻擦。镜头不能用手擦，可先用毛刷

扫去浮尘，再用镜头纸擦拭。

②无论仪器出现任何故障问题，切不可自行拆卸仪器添加任何润滑剂，而应与厂家或专业维修公司联系。

③电池充电时间不能超过充电器规定的时间。仪器长时间不用，一个月之内应充电一次。电池存储温度应尽量保持在 0～±20℃ 范围内。

④定期检校仪器。仪器装箱前要先关闭电源并卸出电池。仪器应存放在清洁、干燥、通风、安全的房间内。仪器存放温度保持在 -30℃～+60℃ 以内，并由专人保管。

2. 水准仪

水准仪主要是用来进行水准测量，相应的配套工具为水准尺和尺垫。水准仪按精度分为 DS_{10}、DS_3、DS_1、DS_{05} 等几种不同等级的仪器。其中"D"表示"大地测量仪器"，"S"表示"水准仪"，下标中的数字表示仪器能达到的观测精度——每千米往返测高差中误差（mm），例如，DS_3 型水准仪的精度为"±3mm"，DS_{05} 型水准仪的精度为"±0.5mm"。DS_3 型和 DS_{10} 型属普通水准仪，而 DS_1 型和 DS_{05} 型属精密水准仪。另外，从水准仪获得水平视线的方式来看，又可分为微倾式水准仪和自动安平式水准仪。

根据水准测量的原理，水准仪的主要功能是提供一条水平视线，并能照准水准尺进行读数。因此，水准仪的使用包括水准仪的安置、粗略整平、瞄准水准尺、精确整平和读数等基本操作步骤。

（1）安置水准仪

打开三脚架，调节架腿长度，使其与观测者高度相适应，用目估法使架头大致水平并将三脚架腿尖踩入土中或使其与地面稳固接触，然后将水准仪从箱中取出，放置在三脚架头上，一手握住仪器，一手用连接螺旋将仪器固连在三脚架上。

（2）粗略整平

转动基座脚螺旋，使圆水准器气泡居中，此时仪器竖轴铅垂，视准轴粗略水平。具体整平方法如下：在图 2-1 中，该气泡未居中并位于 a 处，可按图中所示方向用两手同时对向转动脚螺旋 1 和 2，使气泡从 a 处移至 b 处，然后用一只手转动另一脚螺旋 3，如图 2-2 所示，使气泡居中。

图 2-1　水准仪粗略整平第一步　　　　图 2-2　水准仪粗略整平第二步

此外，在整平过程中，要根据气泡偏移的位置判断应该旋转哪个脚螺旋，同时还要注意两个规则：一是"气泡的移动方向与左手大拇指移动方向一致"，二是"右手旋转的方向与左手相反"。

（3）照准水准尺

先进行目镜调焦，把望远镜对着明亮的背景，转动目镜调焦螺旋，使十字丝清晰。再进行初步照准，松开制动螺旋，旋转望远镜，用准星和照门瞄准水准尺，拧紧制动螺旋。最后精确照准，从望远镜中观察，转动物镜调焦螺旋，使水准尺分划清晰，再转动微动螺旋，使十字丝竖丝靠近水准尺边缘或内部。

水准尺的十字丝横丝有三根，中间的长横丝叫中丝，用于读取水准尺读数；上下两根短横丝是用来粗略测量水准仪到水准尺距离的，叫上、下视距丝，简称上丝和下丝。上丝和下丝的读数也可用来检核中丝读数，即中丝读数应等于上、下丝读数的平均值。

照准目标后，眼睛在目镜端上下作少量移动，若发现目标影像和十字丝有相对运动，这种现象称为视差。产生视差的原因是目标的影像与十字丝分划板不重合。视差对读数的精度有较大影响，应认真对目镜和物镜进行调焦，直至消除视差。

（4）精确整平

转动微倾螺旋，使符合水准器气泡两端影像对齐，呈"U"形，此时，水准管轴水平，从而使得视准轴水平。在精确整平时，转动微倾螺旋的方向与符合水准器气泡左边影像移动的方向一致。

（5）读数

精确整平后，应立即用中丝在水准尺上读数，直接读取米、分米和厘米，估读至毫米，共四位数。读数时，注意从小往大读，若望远镜是正像，即是由下往上读；若望远镜是倒像，则由上往下读。读完数后，还应检查气泡是否居中，以确保视线水平。若不居中，应进行精确整平后重新读数。

3. RTK 测量技术

（1）RTK 测量技术原理及用途

RTK（Real-time kinematic）是实时动态测量系统。作为一种常用的 GPS 测量方法，采用的是载波相位动态实时差分方法，能够在野外实时得到厘米级定位精度，是 GPS 测量技术应用的重大里程碑，为控制测量、地形图测绘、工程放样等工作带来了新的作业方法，极大地提高了外业作业效率。

高精度的 GPS 测量必须采用载波相位观测值。RTK 定位技术就是基于载波相位观测值的实时动态定位技术，它能够实时地提供测站点在指定坐标系中的三维定位结果，并达到厘米级精度。在 RTK 作业模式下，基准站通过数据链将其观测值和测站坐标信息一起传送给移动站。流动站不仅通过数据链接收来自基准站的数据，还要采集 GPS 观测数据，并在系统内组成差分观测值进行实时处理，同时给出厘米级定位结果，历时不足一秒钟。移动站可处于静止状态，也可处于运动状况；可在固定点上先进行初始化后再进入动态作业，也可在动态条件下直接开机，并在动态环境下完成整周模糊度的搜索求解操作。在整周未知数解固定后，即可对每个历元数据进行实时处理，只要能保持四颗以上卫星相位观测值的跟踪和必要的几何图形，则移动站可随时给出厘米级定位结果。

（2）RTK 测量技术应用

1）控制测量

传统的大地测量、工程控制测量采用三角网、导线网等方式来施测，不仅费工费时，要求点间通视，而且精度分布不均匀。此外，常规的 GPS 静态测量、快速静态、伪动态方法，则在外业过程中不能实时查看其定位精度，必须经过内业数据处理之后才能确定精度是否符合要求，否则只能重新返测，而采用 RTK 进行控制测量，可以实时检查观测质量，对于精度不符合要求的数据可以现场实时重测，直至满足要求为止。因此，采用 RTK 测量技术进行市政工程测量的前期控制测量，不仅可以大大减少人力强度、节省作业成本，而且可以大大提高工作效率。

2）地形图测绘

传统的地形图测绘，通常需要首先在测绘范围内布设图根控制点，然后在图根控制点上架设全站仪采集碎部点坐标信息，但要求碎部点与测站之间通视，且每组作业至少要求 2～3 人，作业效率低，不能实时获取点位测量精度。目前采用 RTK 测量时，仅需一人在需要采集的碎部点上利用仪器直接采集点位坐标及其精度信息，并同时输入特征编码，就可以完成外业数据采集，且该作业方法对点间通视不作要求，大大提高了工作效率，同时配合电子手簿可以在野外实现测绘各种地形图，如普通地形图、道路带状地形图、管线地形图测绘等。

3）放样

工程放样是工程测量的一个应用分支，要求通过一定方法将人为设计好的点位采用仪器在实地标定出来，过去采用的常规放样方法有很多，如经纬仪交会放样法，全站仪的边角放样等，同样，传统的放样方法需要 2～3 人操作，且要求点间通视，在生产应用中效率较低。目前采用 RTK 放样时，仅需把设计好的点位坐标输入电子手簿中，可随时提醒放样点与当前点位的相对位置，既迅速又方便，且精度高，可实时查看点位放样的精度，作业效率大大提高。

第二节　市政工程前期大比例尺地形图测绘

1. 大比例尺地形图测绘流程

地形图测绘是表示地面点位置及各地面点之间相互位置关系的图解方法，它也是将地面点测量成果以图解的方式绘在图上的方法。市政工程前期大比例尺地形图测绘主要为 1∶500、1∶1000、1∶2000、1∶5000 等几种比例尺的地形图。通常地形图测绘主要分测量和绘图两大步骤，主要关键技术流程如图 2-3 所示。

2. 控制测量

控制点是直接供地形图测绘使用的依据。控制点的密度应根据实地地物、地貌的复杂程度，地形图测绘的测量手段和作业方式等情况决定；控制点的密度不得小于每平方千米 14 个。控制点相对于邻近等级控制点的点位中误差不得大于 0.2m，高程中误差不得大于 0.1m。控制点宜选在地势较高、视野开阔的地方并应设定标志，相邻点间必须通视。

根据实地情况，结合目前的测量设备以及技术手段，控制点的平面测量可采用光电测距导线、GPS 快速静态/静态相对定位和 RTK 等满足精度要求的方法。控制点的高程测量可采用水准测量、光电测距导线、GPS 快速静态/静态相对定位和 RTK 等满足精度要求的方法。

当解析图根点不能满足测图要求时，可增补少量图解交会点或视距支点作为测站点测图。由图根点上可支出一个支点，支点边长不宜大于 400m。

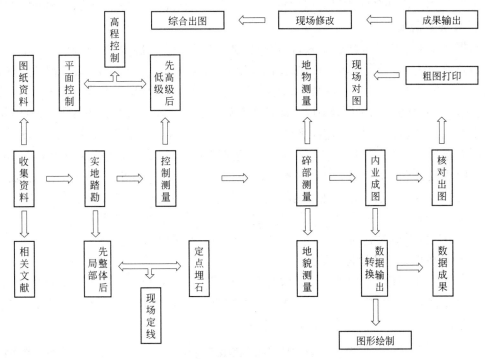

图 2-3　大比例尺地形图测绘作业关键技术流程

（1）控制测量采用光电测距导线施测时的要求

平面控制测量应闭合或附合于高等级控制点上。当需要加密时，控制网不宜超过两次附合；条件受限时，可布设成支导线，支导线的边数不得超过 3 条。

导线测量的主要技术要求：导线全长不宜超过 3000m，平均边长 300m，不小于 1 个测回，测角中误差小于 $\pm 20''$，导线的方位角闭合差小于 $40\sqrt{n}$（n 为测站数），导线相对闭合差小于 1/4000。组成节点后，节点间或节点与起算点的长度不得大于 2100m。

（2）控制测量采用 GPS 快速静态/静态相对定位施测时的要求

控制测量采用 GPS 快速静态/静态相对定位施测时，其要求与首级 GPS 控制测量的要求基本一致。唯一区别为计算标准差采用的固定误差 a 和比例误差系数 b 取值不同，控制测量时 a 取 10mm，b 取 20mm/km。

测定控制点的高程采用 GPS 快速静态/静态相对定位时，必须联测 6 个等级高程控制点用来进行高程拟合。

（3）控制测量采用 RTK 测量方式施测时的要求

图根点的平面和高程采用 RTK 技术采集时，用于求取转换参数的基准点必须能够控制测区范围，平面点不得少于 4 个，高程点不得少于 6 个。

基准站与移动站应始终保持同步，应锁定 5 颗以上卫星，位置精度因子（Position Dilution of Precision，PDOP）值应小于 6；移动站距参考站距离不得超过 5km。每次设站均要进行已知点检测或相邻参考站所测点检测，较差不能超过 0.10m。参考站每次设站必须填写参考站设站手簿。

移动站必须采用三脚架对中整平，测量时每个点均要进行三次测量，每次测量时间不得少于 5s，对三次测量的成果进行比较（互差不得大于 3cm），取平均值作为最终成果。

3. 外业数据采集

数据采集可采用极坐标法或 RTK 进行作业，应在图根或图根以上控制点设站。

野外数据采集的技术要求：仪器的对中偏差不应大于图上 0.05mm，每个测站安置好仪器后，首先必须进行定向检查，然后才能进行碎部测量。为确保定向准确，防止因输入的控制点坐标或点号有误或其他原因造成整站成果作废，定向检查可在不同的条件下选择不同的方式：以测站点与定向点作距离检查，距离较差不应大于 ±7cm，高程较差不应大于 ±7cm。

同时选另一近方向控制点作方向检查，偏差不应大于 2′。以测站点与定向点作距离检查，距离较差不应大于 ±7cm，高程较差不应大于 ±7cm。同时检测一个重复地物点，较差符合相应精度要求。施测地形地物点时，每一测站测完后，应归零检查，归零差应不大于 40s。测站至测点的距离最长不超过仪器设计最长距离，地形点间隔一般不大于 20m，平坦地区适应放宽到 40m。仪器高、觇标高量取至厘米。

4. 内业数据处理及地形图编绘

大比例尺地形图测量通常采用全解析数字化成图，外业进行草图的绘制，内业成图。地形图中地物标注符号应按现行地形图图式要求执行；地形图数字化要素分层参照《公路勘测规范》JTG C10—2007 等文件，见表 2-1。

地形图数字化要素图层分层表　　　　　　　　　　　表 2-1

层名	层号	缩写	几何特征
内、外图廓及整饰	0	NET1	点、线(弧段)
方格网	1	NET2	线(弧段)
测量控制点	2	CON	点
居民地和垣栅(面)	3	RES1	多边形
居民地和垣栅(点、线)	4	RES2	点、弧段
工矿建(构)筑物及其他设施(面)	5	IND1	多边形
工矿建(构)筑物及其他设施(点、线)	6	IND2	点、线(弧段)
交通及附属设施(面)	7	TRA1	多边形
交通及附属设施(点、线)	8	TRA2	点、线(弧段)
管线及附属设施	9	PIP	点、线(多边形)
水系及附属设施(面、线)	10	HYD1	多边形、线(弧段)
水系及附属设施(点)	11	HYD2	点
境界	12	BOU	多边形
地貌和土质(面)	13	TER1	多边形
地貌和土质(点、线)	14	TER2	点、线(弧段)
植被(面)	15	VEG1	多边形
植被(点、线)	16	VEG2	点、线(弧段)
地名注记(定位点)	17	ANO	点
说明注记(定位点)	18	ANN	点
公路设计要素	19	DES	点、线(弧段)

地形地貌要素的表示方法和取舍除符合现行国家图式规定外，还应充分考虑市政工程的专业特点，满足市政工程设计和施工对地形图的需要。

路堤、路堑、陡坎及梯田坎长度一般大于 20m，比高大于 1m 时须表示，平丘地区比高大于 0.5m 时也须表示。

（1）水系

河流、湖泊、水库的水涯线以测量时的水位表示；池塘的水涯线与坎线间隔小于 1mm（图上距离）时以坎的上沿线表示，间隔大于 1mm（图上）时则按照实际位置分别在图上表示坎线和水涯线。河流、沟渠遇桥梁、水闸、水坝等应中断表示；陡岸分为无滩陡岸和有滩陡岸，外业要区分土质的和石质的，分别用相应符号表示。有滩陡岸与岸线间距在图上大于 3mm 以上时，应表示土质，单线表示的河流不表示无滩陡岸。

各种水系有名称的要标注名称，无名称的池塘和水库分别注"塘"和"水库"；河流、水渠要标注流向。

宽度大于 1m 的沟渠，成图时用双线表示。

1.5 为水渠宽

3.5 为堤顶总宽

图 2-4　水渠宽及堤宽度示意图

有堤的沟渠，外业根据实地情况分别按图式符号表示，并注明水渠宽和堤宽，如图 2-4 所示。

铁路、公路、大车路两旁排水沟，确认不起灌溉作用的按干沟表示。水闸、滚水坝、拦水坝、土堤、排灌站、输水漕、倒虹吸、水井、泉等按《国家基本比例尺地图图式》GB/T 20257—2017 相应符号表示。架空水渠用渡槽符号表示。

耕地内的机井应逐个绘井符号并加注"机"表示，机井房在房边用红色注记"机井"；居民地以外的大口饮水井也应标注井深（单位：m）；水窖绘井的符号并加注黑色"窖"字。

（2）居民地及设施

1）房屋

①房屋应逐个表示，并应注明层数和房屋结构，如砖、土、木等。

②公共厕所、变电室、水泵房、绞车房等应标注相应符号（或文字）。

③正在建设的施工区，以地类界圈出范围，内注"施工区"，主体已封顶的房屋，按建成房屋表示；未封顶按建筑中的房屋表示。独立的在建房屋亦按以上方法表示，但不必圈出范围和注"施工区"。

④毗连一起的窑洞实地 3 个以下，按真实位置表示。4 个及以上表示两端真实位置，中间填绘符号，不表示真实个数。地面下窑洞四周用坎线表示，内配一个地下窑洞符号，符号朝北，不表示真方向，不依比例尺的只在中心放置一个符号。

⑤各种院门均应表示，要区分有门顶和无门顶。

2）工矿设施及独立地物

①露天采掘场、乱掘地等外业绘出坎线及范围线，并加注开采品种说明。

②大型独立的露天设施连片成群的，以地类界绘出范围线，内配露天设备符号。

③液体、气体贮存设施的表示方法与露天设备相同（符号不同），区分大型独立的与连片成群的，另外简注贮存物质名称。

④加油站的雨罩应绘轮廓线（虚线），并在雨罩中心加绘加油站符号。

⑤烟囱和水塔要用符号表示。

⑥公园、广场或幼儿园内的露天娱乐设施，以地类界绘出范围加注"娱"。

⑦广告牌和宣传栏只表示大型的、独立的，小型的或附设在墙上、房上的均不表示。

⑧固定有基座的高大旗杆要表示（连续多杆的只表示中间一杆），低小的不表示。

⑨消火栓、阀门、检修井、污水箅子以及水龙头一般不表示。

⑩坟群用地类界绘出，内配符号和注记，单个坟按实际位置表示。固定的堆积物用地类界绘出，内配注记。

3）垣栅

①围墙应表示建筑材料，如砖、土等。

②固定的正规铁丝网、栏杆要表示，临时性或断断续续不完整的可舍去不表示。

③下为围墙上为栏杆的复合围墙，其下部实墙高于1.2m时以围墙表示，低于1.2m时以栏杆表示。

④围墙与房屋相靠时以房边线表示，略去围墙符号，如果围墙和棚房相靠时则以围墙符号替代棚房边线，保证围墙的整体性。

（3）交通

道路分为标准轨铁路、高速公路、等级公路、等外公路、大车路、乡村路、小路和内部道路等。各级道路均需加密详细测量，图上加密注记高程。

各种道路均须注明等级、名称和路面材料。高速公路在图上注明"××高速公路"。公路有道路编号的须注道路名称和道路编号。

铁路要注记铁路名称，并应加密标注轨面高程。铁路、公路桥需简注建筑材料。

道路的其他附属设施，如涵洞、路堤、路堑等均要表示。

铁路信号灯须表示；各种里程碑、汽车站、大型路标等均要表示，里程碑还应注记里程数。

（4）管线

各级电力线均须准确测量杆、架、塔位置且逐个表示，并标注电压等级、所属单位；通信线的杆、架、塔均须准确测量且逐个表示，并标注类别和所属单位。

电线杆、架、塔分别用相应的图式符号表示，所有地区的电杆均应连线表示，成图时在居民地内可只绘出走向。

大型的变电站（所）外围的电杆只表示到围墙以外、电线连到其围墙，内部的电杆、桥式电线架等不表示；变电所内部须表示建筑物、内部道路、草坪、花圃、围墙、避雷针等，还要在主变压器位置绘红色放电符号；有名称的要注记名称。

地下电缆、地面上的电缆标、光缆标也要表示。

地面上和架空的其他管道要表示，并注输送物质。架空管线拐点和交叉点的支架按实际位置表示，直线上的支架示意性表示。

（5）境界

图上各级境界线应实地调查。

（6）地貌

地貌的表示，调绘片上应正确表示其形态、类别和分布特征。

自然形态的地貌宜用等高线表示，崩塌残蚀地貌、坡、坎和其他特殊地貌应用相应的符号或用等高线配合符号表示。

各种天然形成和人工修筑的坡、坎，其坡度在 70°以上时表示为陡坎，70°以下时表示为斜坡。斜坡在图上投影宽度小于 2mm 时，以陡坎符号表示。当坡、坎比高小于 0.5m 或图上长度小于 5mm 时，可不表示；坡、坎密集时，可适当取舍。

梯田坎坡顶及坡脚宽度在图上大于 2mm 时，坎线依比例表示。梯田坎比较缓且范围较大时，也可用等高线表示。

坡度在 70°以下的石山和天然斜坡，可用等高线或用等高线配合符号表示。

（7）植被与土质

地类范围及种类需标注清楚。

成片的面积较大的有林地要表示，并标注树种、平均树高；果园在其范围内注记果树的树种；成片的灌木林在其范围内注记"灌木林"，独立灌木丛及狭长灌木林用相应图式符号表示。

（8）注记

各类地理名称注记外业要调绘齐全，如乡（镇）名、村名、路名、工矿企业、机关学校、医院、农（林）场、名胜古迹、新村以及山岭、河流、湖泊、沙漠等名称均要调注。部队注记"禁测区"。

村庄名称调绘时要注意区分行政村名与自然村名。

各类地形、地物要素及计曲线和首曲线均应分层放置。

（9）其他

凡设计书中未提及的均按《国家基本比例尺地形图图式》GB/T 20257—2017 等相关文件要求执行。

5. 地形图的精度指标及质量检查

市政工程前期大比例尺地形图测绘的精度决定了整个项目生命周期的工程质量和进度，因此无论是在测绘外业及内业阶段都需要及时进行精度验证与核查，同时对地形图的质量进行严格把控。

（1）一般规定

1）地形图野外实测时，应按下列要求对仪器的设置进行检查：

①仪器对中误差不应大于图上 0.05mm；

②以较远一点标定方向，其他点进行检核，检核偏差不应大于图上 0.03mm；

③检查另一测站高程，其较差不应大于 1/5 基本等高距。

2）距离测量可采用视距法或光电测距法。采用视距法时，视距常数值应在 100m±0.1m 以内，最大测距长度应符合表 2-2 的规定；采用光电测距法时，测距最大长度应符合表 2-3 的规定。

视距法测距最大长度　　　　　　　　　　　表 2-2

比例尺	测距最大长度（m）	比例尺	测距最大长度（m）
1∶500	≤80	1∶2000	≤200
1∶1000	≤120	1∶5000	≤300

注：1. 垂直角超过±10°时，测距长度应适当缩短。

2. 1∶500、1∶1000 比例尺施测主要地物时，测距读数应读至 0.1m。

光电测距法测距最大长度　　　　　　　　　　表 2-3

比例尺	测距最大长度（m）	比例尺	测距最大长度（m）
1：500	≤240	1：2000	≤600
1：1000	≤360	1：5000	≤900

3）采用 RTK 方法测量地形图时，应符合以下要求：

①基准站与移动站（测点）应始终保持同步锁定 5 颗以上卫星，PDOP 值应小于 6，流动站至基准站的距离应小于 10km。

②求解转换参数的高等级控制点应大于 4 个，并应包含整个作业区间，均匀分布于作业区域的周围；移动站至最近的高等级控制点应小于 2km；测点不宜外推。

③在作业区间内，至少应检核 1 个高程控制点，其检测的坐标差和高程差应符合表 2-4 和表 2-5 的规定。

图上地物点的点位中误差　　　　　　　　　　表 2-4

重要地物（mm）	一般地物（mm）	水下地物（mm）		
		1：500	1：1000	1：2000
≤±0.6	≤±0.8	≤±2.0	≤±1.2	≤±1.0

等高线插值的高程中误差　　　　　　　　　　表 2-5

地形类别	平原	微丘	重丘	山岭	水下
高程中误差	≤$(1/3)H_d$	≤$(1/2)H_d$	≤$(2/3)H_d$	≤H_d	≤$1.2H_d$

注：1. 高程注记点的精度按表中 0.7 倍执行。

2. H_d 为基本等高距。

4）地形图原图制作时宜选用厚度为 0.07～0.10mm、热处理后伸缩率小于 0.04% 的聚酯薄膜。

5）地形图中图廓格网线绘制和控制点的展绘误差不应大于 0.2mm。图廓格网的对角线、图根点间的长度误差不应大于 0.3mm。

6）地形图应进行内业检查、野外巡视及实测检查，实测检查量不应少于测图工作量的 10%。

（2）图根平面控制测量

1）图根平面控制测量应闭合或附合高等级控制点上。当需要加密时，图根控制不宜超过两次附合；条件受限制时，可布设成支导线，支导线的边数不得超过 3 条。

2）图根点相对于邻近等级控制点的点位中误差应不大于图上 0.1mm，高程中误差应不大于测图基本等高距的 1/10。

3）图根点宜选择在地势较高、视野开阔的地方并应设定标志，相邻点间应相互通视，标志可采用木桩或混凝土标石并编号。

4）图根点平面控制测量可采用交会法、导线法、RTK 等满足精度要求的方法。

5）图根点的密度应根据测图比例尺和地物、地貌复杂程度以及测图方法而定。平坦开阔地区若采用大平板仪、小平板仪配合经纬仪测图时，图根点（含基础控制点）密度应符合表 2-6 的规定。在地物、地貌复杂或隐蔽地区应视其复杂和隐蔽程度适当加大密度；采用全站仪（测距仪）测图的图根点的密度可取表中 0.4 倍的值，采用 RTK 测图的图根点的密度可取表 2-6 中 0.2 倍的值。

视距法测图图根点（含基础控制点）密度　　表 2-6

测图比例尺	图根点密度（点/km^2）	测图比例尺	图根点密度（点/km^2）
1∶500	≥145	1∶2000	≥14
1∶1000	≥45	1∶5000	≥7

6）交会法的交会角应不小于 30°，且不大于 150°。前、侧方交会不应少于 3 个方向，后方交会不应少于 4 个方向。两组交会坐标值互差不大于图上 0.3mm。交会法的外业测量要求与图根导线相同。

7）采用图根导线测量的主要技术要求应符合表 2-7 的规定。

图根导线测量的主要技术要求　　表 2-7

边长测定方法	测图比例尺	导线全长（m）	平均边长（m）	测回数	测角中误差（"）	方位角闭合差（"）	导线最大相对闭合差
光电测距	1∶500	≤750	75	≥1	≤±20	≤40$\sqrt{n}$	≤1/4000
	1∶1000	≤1500	150				
	1∶2000	≤3000	300				
钢尺量距	1∶500	≤500	50	≥1	≤±20	≤40$\sqrt{n}$	≤1/2000
	1∶1000	≤1000	85				
	1∶2000	≤2000	180				

注：1. n 为测站数。

　　2. 组成节点后，节点间或节点与起算点间的长度不得大于表中规定的 0.7 倍。

　　3. 当导线长度小于表中规定 1/3 时，其绝对闭合差不应大于图上 0.3mm。

8）图根导线的角度测量应采用经纬仪或全站仪施测，测回数不少于一测回。

9）图根导线的边长宜采用光电测距仪施测。采用普通钢尺往、返丈量时，其较差的相对误差应小于 1/3000；当坡度大于 2%、温度超过钢尺检定温度±10℃或尺长修正大于 1/10000 时，应进行相应的坡度、温度、尺长修正。

10）图根导线布设成支导线时，平均边长不应超过测图最大视距长度，边长应往返丈量，角度应分别测左、右角各一测回，其圆周角闭合差不应超过 40"。

11）用光电测距法测量极坐标点时应采用 2 次测边、测角，坐标较差不得大于 $M/10000$（M 为测图比例尺分母），高程较差不得大于 1/5 基本等高距。

12）当解析图根点不能满足测图需要时，可增补少量图解交会点或视距支点作为测站点测图。由图根点上可支出一个视距支点，支点边长不宜大于最大视距长度的 2/3，并应往返测定，其较差不应大于 1/150。

13）图根点高程可采用水准测量、光电测距三角高程测量或 RTK 测量等满足精度要求的各种方法；当基本等高距为 0.5m 时，应采用水准测量方法。

14）图根水准测量的主要技术要求应符合表 2-8 的规定。

图根水准测量的主要技术要求 表 2-8

每公里观测高差全中误差(mm)	水准路线长度(km)		视线长度(m)	观测次数		往返较差、附合或环线闭合差(mm)	
	附合路线或环线	支线长度		附合或闭合路线	支线或与已知点联测	平原、微丘	重丘、山岭
≤±20	≤6	≤3	≤100	往一次	往返各一次	≤$40\sqrt{L}$	≤$2\sqrt{n}$

注：1. L 为水准路线长度，以"km"计；n 为测站数。

2. 组成节点后，节点间或节点高级点间的长度不得大于表中规定的 0.7 倍。

15）当水准路线布设成支导线时，应进行往、返观测，其路线长度不应大于 3km。

16）当采用光电测距三角高程测量时，图根高程导线应起闭于高级控制点，其路线长度不得大于图根水准的长度，仪器高、觇标高观测值应取至 1mm。主要技术指标应符合表 2-9 的规定。

图根三角高程测量的主要技术要求 表 2-9

每公里观测高差全中误差(mm)	最大边长(m)	垂直角测回数	指标差较差垂直较差(″)	对向观测高差较差(mm)	附合或环线闭合差(mm)
≤±20	600	中丝法≥2 测回	≤25	≤$60\sqrt{D}$	≤$40\sqrt{\sum D}$

注：D 为边长（km）。

17）交会点高差较差应符合表 2-10 的要求。

交会点高差较差技术要求 表 2-10

基本等高距(m)	高差较差(m)	基本等高距(m)	高差较差(m)
1.0	≤0.3	5.0	≤0.8
2.0	≤0.6		

18）光电测距边的加常数、乘常数和气象改正数大于边长的 1/10000 时，应加入改正。

19）图根点计算可采用近似平差方法，角度计算应取位至秒，边长和高程计算应取位至毫米，最终坐标和高程应取至厘米。

第三章 管道工程测量

城市地下管道在城市规划、建设、管理及日常生活中发挥着至关重要的作用，推动着城市市容景观的向好发展。地下管线建设将人们生产生活所需的给水、排水、燃气、供暖、电信、电力系统等供应到千家万户、商业圈和产业基地，随着城市建设高速发展，城市地下管线的发展形势日趋多样、复杂化。城市地下管线错综复杂，通过对城市地下管线的测量，掌握的地下管线数据，为城市建设以及后期的检修、抢修等一系列的活动带来方便。地下管线测量，有利于掌握新、旧地下管线现状分布情况；建立城市地下管线信息系统，有利于城市地下管线科学的管理和应用。

地下管线的种类有：供水、排水（雨水、污水）、燃气、热力、电信、电力、地下防空通道、地铁、交通环廊以及其他穿越公用道路的输送、排放工业生产各种物料的专业性管道。在城市规划、设计、施工及管理工作中，如果没有完整、准确的地下管线信息，将直接影响工作的进度和质量，甚至造成重大事故和损失。而事实上，因城市地下管线埋设情况不清、没有及时更新数据导致管线损坏的施工事故不断发生，给企业生产、人民生活造成的生命财产损失难以估算。

管线测量前期主要工作包括：已有资料的收集，场地内地下管线探测与调查，地下管线测量。地下管线的探查应以实地调查为主，内容包括探明地下管线的平面位置、高程、走向、规格等。

将现有管线调查、测量的数据录入建立的地下管线数据库中，管线数据库可以生成各种管线图和成果表，在管线图上标注探查点号、管径、管线走向、位置、连接关系及与拟建管线的位置关系，作为开展管线测量的依据。

第一节 实例工程概述

某市政热力暗挖隧道工程，起点为1号点，终点为5号点，管线全长860m。主线管径为$DN300$供、回水（图3-1），支线管径$DN200$，根据设计图纸及现场勘察情况，本工程全线敷设方式为暗挖隧道，隧道断面净尺寸：2.1m×2.0m；暗挖隧道全部敷设于现况道路下方，本工程新建5座竖井均为钢筋混凝土结构，由于道路交通流量大，竖井设计全部采用暗挖施工，在道路两侧步道方砖上设置临时旁井用于施工。

本工程主线管线设计方式采用浅埋暗挖隧道施工工艺，施工中须严格按照设计图纸及相关技术规范要求进行施工，在接收到工程图纸和有关设计文件后，组织工程技术人员认真核对图纸及其他文件中的尺寸，了解设计意图，查阅及理解业主、设计单位所提供的规范、设计资料和要求，检查施工图是否完整、齐全，是否符合相关规范的要求；各专业之间的施工图纸应相互衔接，坐标值、位置尺寸、标高和设计说明应相互一致，认真组织工程测量人员进行图纸审阅，掌握图纸基本情况，学习监理文件及有关规程、规范。熟悉现

图 3-1　$DN300$ 管道隧道示意

场作业环境，应了解与现况管线首尾连接处的测量资料，并掌握现况管线的实际情况，了解施工中应注意的事项，了解施工工序及施工流程，对已有的地下管线情况要采取有效的物探、坑探措施，查明情况，记录备案。与新建管线有矛盾处及时向设计反映，针对其各自现况管线的特点，结合现场具体情况，采取有效的技术措施，保证工程顺利进行。

具体施工工艺总体流程详见图 3-2。

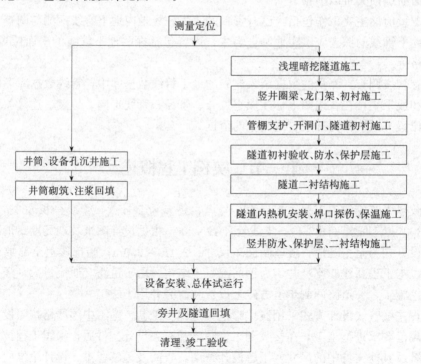

图 3-2　施工工艺总体流程图

隧道结构为马蹄形、直边墙、平底板或仰拱，应采用复合衬砌结构形式，初期支护为格栅喷射混凝土结构（钢筋格栅＋钢筋网＋喷射混凝土），二次衬砌为模筑钢筋混凝土结构，两层衬砌之间设防水层。检查室结构亦为复合衬砌，采用格栅喷射混凝土结构作为初期支护，二衬为模筑钢筋混凝土结构，两层衬砌间设防水夹层（图 3-3）。

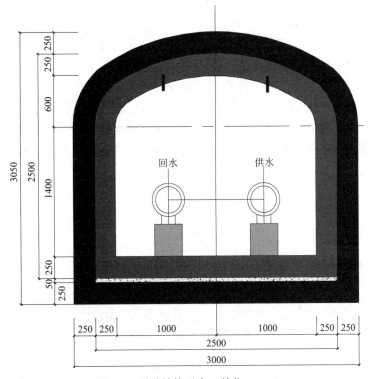

图 3-3　隧道结构示意（单位：mm）

该工程沿隧道方向设置 G、G1、G2、G3、G4、G5 控制点，成果表由某市测绘院提供，具体位置如图 3-4 所示。

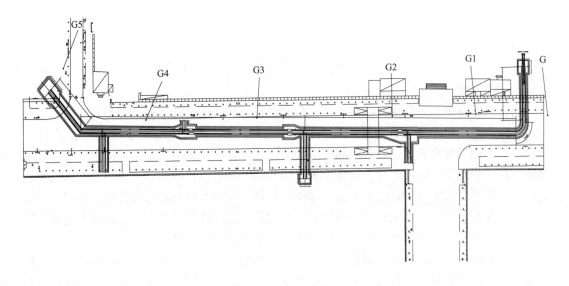

图 3-4　总平面图

第二节　测量过程、内容与主要技术方法

1. 施工测量的组织工作

根据设计单位的现场交桩和书面资料，对原始基准点进行认真复测，把复核的结果报监理工程师确认后，作为永久基准点保护。为了工程能顺利地进展，同时能及时地了解和控制建筑物、现况管线的沉降量，将测量人员分为两组：一组主要负责施工测量，根据工程进展对竖井、隧道进行测量，以及定期对竖井和隧道的收敛情况进行记录；另一组主要负责监控测量，根据竖井、隧道施工的进展，对地面高程进行精确的测量，准确地掌握地面的沉降量，使地面沉降量控制规定值范围内，如果沉降量超过规定范围及时采取必要措施（项目部测量组织机构以及测量工艺流程图如图 3-5 所示）。

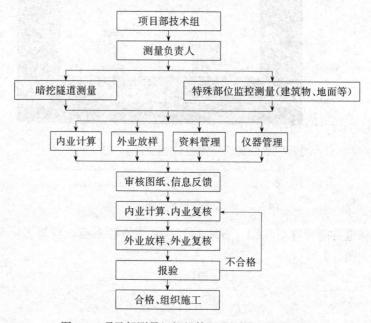

图 3-5　项目部测量组织机构以及测量工艺流程图

2. 施工测量

由项目专业测量人员成立测量小组，根据测绘院提供的坐标点和高程控制点进行复测加密，点位埋设应达到《公路勘测规范》JTG C10—2007 中的要求：①相邻导线点间要通视，对于钢尺量距导线，相邻点间还要地势平坦，以便于量边长。②导线点应选在土质坚硬、稳定的地方，以便于对点位标志的保存和便于测量仪器的架设。③导线点应选在地势较高，视野开阔的地方，以便于进行加密、扩展、寻找和碎部测量以及施工放样。埋设完毕后要及时保护，并做点标记，待控制点稳定后，方可进行测量工作。观测要选择在气温稳定、成像清晰、交通流量较小、外界干扰较小的时间段内进行。

对施测组全体人员进行详细的图纸交底及方案交底，分工明确，掌握所有施测的工作进度安排，由组长根据项目的总体进度计划进行安排，导线附合记录见表 3-1，高程附合记录见表 3-2。

表3-1

附合导线计算表

点号	观测左角 (° ′ ″)	改正数 (″)	方位角 (° ′ ″)	平距(m)	坐标增量(m)		改正数(mm)		改正后坐标增量(m)		平差后坐标(m)	
					ΔX	ΔY	X	Y	ΔX	ΔY	X	Y
G			85-26-06								××0550.281	××7836.844
G1	172-58-18	-4.2	78-24-24	198.141	39.819	194.099	-2	-15	39.817	194.084	××0561.614	××7978.781
G2	176-14-7	-4.2	74-38-31	120.737	31.977	116.425	-2	-15	31.975	116.41	××0601.431	××8172.865
G3	194-6-22	-4.2	88-44-53	177.626	3.88	177.584			3.88	177.584	××0633.406	××8289.275
G4	174-6-34	-4.2	82-51-27	151.13	18.791	149.957			18.791	149.957	××0637.286	××8466.859
G5	275-28-50	-4.2	178-20-16								××0656.077	××8616.816
G6											××0496.84	××8621.437
理论角度	992-54-10			647.634	94.467	638.065						

$f_\beta = \sum f_{\beta测} - \sum f_{\beta理}$

$f_\beta = 21''$

$f_允 = \pm 10\sqrt{n} = \pm 22''$

$f_\beta < f_允 。$

$f_x = 0.004$　　　　$f_y = 0.03$

$f = \sqrt{f_x^2 + f_y^2} = 0.03$

$K = f/\sum D = 1/20000$

符合精度要求

测量：　　　　记录：　　　　计算：　　　　符合：

高程附合记录表 表 3-2

点号	读数		高差(m)	高差改正数（mm）	改正后高程值（m）	备注
	后视(m)	前视(m)				
G	2.478				46.004	
			−0.674	1		
G1	2.670	3.152			45.331	
			0.856	1		
G2	0.652	1.814			46.187	
			−0.873	1		
G3	1.533	1.525			45.314	
			0.029	1		
G4	1.860	1.504			45.343	
			0.205	1		
G5	1.160	1.655			45.548	
			0.272	0		
G6		0.888			45.819	
辅助计算	$\sum a = 10.353$					
	$\sum b = 10.358$					
	$f_h = \sum a - \sum b = -0.005\text{mm}$					
	$f_{h容} = \pm 12\sqrt{6} = \pm 29.394\text{mm}$					
	$f_h < f_{h容}$ 精度合格					

3. 施测原则

（1）严格执行测量规范要求；遵循先整体后局部的原则，先确定平面及高程控制网，在控制网复核无误后，再以控制网为依据，进行工程各部位的定位放线。

（2）必须严格审核测量原始数据的准确性，坚持测量放线与计算工作同步校核的工作方法。

（3）定位工作执行自检、互检合格后再报验的工作制度。

（4）测量方法要简捷，仪器使用要熟练，在满足工程需要的前提下，力争做到省工省时省费用。

（5）明确为工程服务，按图施工，质量第一的宗旨。紧密配合施工，发扬团结协作、实事求是、认真负责的工作作风。

4. 准备工作

（1）了解设计意图，认真熟悉与审核图纸

施测人员通过对总平面图和设计说明的学习，了解工程总体布局、工程特点、周围环境，根据线路的平纵设计参数，计算出线路坐标及设计高程，与图纸中的逐桩坐标表及纵断面高程数据认真进行复核，确定准确无误后方可进行施工放线。测量工作在竖井施工前应做好准备工作包括导线、中线、水准点复核，横断面检查与补测，增设水准点等。复测导线点和水准点时，必须和相邻施工标段进行联测工作。以确保导线点的闭合，施工测量的精度应符合相关规范的要求。

（2）本工程的施工测量主要包括竖井的中桩放样，竖井各层的标高控制。中桩放样及其他平面定位均采用全站仪坐标法，仪器设置测站采用已知点设站和后方交会法设站两种方法。标高控制根据不同的精度要求，分别采用全站仪三角高程测量和水准测量的方法。

（3）测量仪器的选用所用的仪器和钢尺等设备，使用前必须送具有仪器校验资质的检测单位进行校验，校验合格后方可投入使用。

（4）现场测量仪器一览表（表3-3）。

现场测量仪器表　　　　　　　　　表3-3

序号	名称	单位	数量	精度	备注
1	全站仪	台	1	测距:3mm±2ppm 测量精度:2.0″	
2	普通水准仪	台	1	DSZ3	
3	50m钢尺	把	1		
4	对讲机	台	6		

以上测量设备及工具只有在通过有资质的计量检测部门检验合格后方可使用，测量设备的检验合格证及其附件的影印件或复印件随设备进入存档备查。

5. 测量的基本要求

测量记录必须原始真实、数字正确、内容完整、字体工整、测量精度要满足要求。根据现行测量规范和有关规定进行精度控制，导线测量的主要技术要求见表3-4。

工程测量规范精度控制表　　　　　　　表3-4

等级	导线长度(km)	平均边长(km)	测角中误差(″)	测距中误差(mm)	测距相对中误差	测回数 1″级仪器	测回数 2″级仪器	测回数 3″级仪器	方位角闭合差(″)	导线全长相对闭合差
三等	14	3	1.8	20	1/150000	6	10	—	$3.6\sqrt{n}$	≤1/55000
四等	9	1.5	2.5	18	1/80000	4	6	—	$5\sqrt{n}$	≤1/35000
一级	4	0.5	5	15	1/30000	—	2	4	$10\sqrt{n}$	≤1/15000
二级	2.4	0.25	8	15	1/14000	—	1	3	$16\sqrt{n}$	≤1/10000
三级	1.2	0.1	12	15	1/7000	—	1	2	$24\sqrt{n}$	≤1/5000

6. 高程控制网的布置原则

为保证隧道竖向施工的精度要求，施工现场建立高程控制网，是保证施工测量竖向精度的首要条件。根据甲方提供的高程控制点及施工现场实际情况，通过在两控制点之间测设附合水准路线加密高程控制点，或利用一个首级高程控制点测设闭合水准路线加密高程控制点，并且定期对首级及加密高程控制点进行联测。高程控制网的精度，不得低于四等水准控制网的精度。半永久性控制点一律按测量规程规定的半永久点位的方式埋设，并妥善保护。引测的水准控制点，须经复测合格后方可使用。四等水准测量的技术要求见表3-5。

水准观测的规范要求　　　　　　　　　　　　　　　　　　表 3-5

等级	每千米高差全中误差（mm）	线路长度（km）	水准仪类别	水准尺	观测次数		往返较差、附合或环线闭合差	
					与已知点联测	附合或环测	平地（mm）	山地（mm）
四等	10	≤16	DS3、DSZ3	条码式玻璃钢、双面	往返各一次	往一次	$20\sqrt{L}$	$6\sqrt{n}$

7. 测量方法

桩位复核完成后，根据竖井位置，在地面上布设施工竖井的近井点，布点原则为：①便于井上、下联通测量；②近井点处地面应稳定，不发生沉降及位移；③有 2 个以上的后视点便于校测。同时布设复核水准路线，将高程引测到井口位置。点位做好以后，提请监理工程师查验。

地面控制测量是确保隧道在规范允许误差范围内贯通的重要组成部分，按照本工程规范，规范允许的中线贯通误差为±100mm，高程贯通误差小于±50mm。相应地面控制网的精度为国家三级平面控制网精度。

（1）竖井施工测量

将竖井轴线、高程点钉在竖井圈梁上，并钉牢固。施工过程中挂线坠检验垂直度、结构尺寸，拉钢尺检查开挖深度；在第一榀格栅四面设置垂线点，垂线点设置在格栅端头 1m 的位置，预埋 Φ18 钢筋长 60cm、外露 40cm 并与格栅焊牢，喷射混凝土完成后在钢筋上挂白线垂球，以保证每榀格栅保持在同一个平面内。在竖井掘进过程中，要定期对竖井掘进的垂直度和断面规格进行检查。竖井断面规格检查一般采用边垂线量测法。根据隧道底板设计高程，当竖井掘进到接近隧道顶板水平高度时，在接近工作面的井壁上埋设水准点。当掘进至一定深度时，须进行竖井平面和高程的联测，以便求得井下控制点的起算数据，精确放样出隧道的中线方向及底板的高程位置。

竖井井筒中心和井筒十字中线的测设：通过井筒中心的两条相互垂直的水平直线，称为井筒十字中线（简称井筒中线），通过竖井井筒中心的铅垂线称为井筒中心线，进行竖井井筒中心和中线测设工作前，应从设计资料中取得井筒中心的坐标和井筒主要中线的坐标方位角，以及现有场地控制点的测量成果资料，还应有场地平面图、井筒设计施工图等。

测设竖井井筒中心和井筒中线的步骤如下：

1）建立近井点与设置测站点

进行井筒中心和十字中线的放样时，在实地的井口附近建立近井点，该点与作为联系测量所用的近井点一并考虑。当近井点距井中心较远时，增设测站点。

2）放样井筒中心

根据工程情况，放样井筒中心采用极坐标法，井筒中心放出以后，以大木桩固定，刻上十字中心以表示井筒中心点的位置。

3）放样井筒中心十字线

基点先采取初步放样，然后再作精确放样，精确放样结束后，绘制井筒基点布置图，图上附表注明各基点坐标、高程、埋设特征与附近地面建筑物的位置关系等如图 3-6 所示，小室控制点数据见表 3-6。

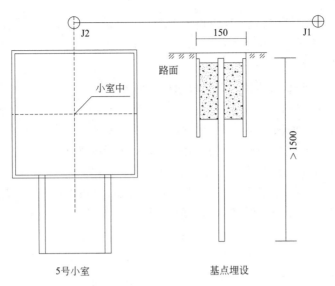

图 3-6 基点埋设位置关系图

注：基点埋设采用钻具成孔的方式埋设，埋设深度不小于1.5m。

小室控制点数据　　　　　　　　　　　　　　　　表 3-6

点号	坐标	距离(m)	高程(m)	角度
JI	$X=\times\times0616.279$	80.000	30.230	90°00′00″
	$Y=\times\times7973.123$			
J2	$X=\times\times0616.279$	5.000	30.366	90°00′00″
	$Y=\times\times7893.123$			
小室中	$X=\times\times0611.279$			
	$Y=\times\times7973.123$			

（2）竖井投点法

采用标称精度不低于 1/2000 的光学垂准仪，按0°、90°、180°、270°四个方向投四次点，边长误差不大于2.5mm，投点误差不大于±0.5mm，每次投点均独立进行。然后取其重心为最后位置，以传递井上下坐标及方向如图3-7所示。

（3）陀螺仪定向法

井上陀螺定向边为精密导线边或更高级边，井下定向边为靠近竖井长度大于50m的导线边，并避免高压电磁场的影响。每条定向边在两端点上独立定向，各一次为一测回，半测回连续跟踪5个逆转点读数。测量时，先在井上定向边测定一测回，接着在井下定向边测定两测回，最后在井上定向边测定一测回。上下半测回间互差不大于±15″，测回间互差不大于±8″，每条边的陀螺方位角采用两测回的平均值。

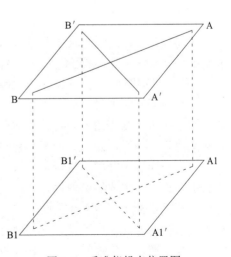

图 3-7 垂准仪投点位置图

井下控制点设置在竖井或隧道的底板上，采用 20cm×20cm 钢板，钻 Φ2mm 深孔，镶入黄铜芯。测量控制点应做好保护，如有破坏时应及时补测并做好复核。

（4）隧道内控制测量

施工导线是隧道掘进的依据，随着隧道掘进应先布设隧道内施工导线。施工导线一般平均边长 30m，角度观测中误差应在 ±6° 之内，边长测距中误差在 ±10mm 之内。当隧道掘进到一定长度时，开始布设施工控制导线。采用全站仪极坐标法确定每个竖井位置及中线。为保证隧道测量精度，在竖井之间的隧道较长时中间增设投点孔以及管线折点处设置投点孔。投点孔采用 Φ108 钢管，施工时必须保证其垂直度。

由于洞内空间较小，控制点无法控制为地面形式，隧道内在施工初期无法通视，因此在隧道内敷设支导线。地下导线随着隧道的掘进而布设，地下导线起算点和起算边的永久导线点，数据不少于 3 个点。为提高地下导线的精度，根据相关规范中要求和现场实际情况，地下导线布设成近似直伸等边导线。直线隧道施工控制导线平均边长 150m，特殊情况下不应短于 100m。

（5）井下控制测量

竖井、隧道高程点传递情况如图 3-8 所示。

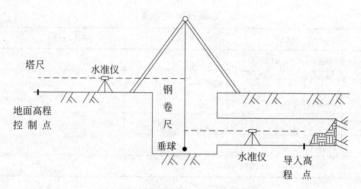

图 3-8　隧道高程点传递示意图

地面高程点的传递，通过竖井导入标高，宜与竖井定向同时进行。首先在地面建立近井水准点 3 个，采用悬挂钢卷尺导入标高，井上井下两台水准仪同时进行观测，独立观测 3 次，每次错动钢尺 3～5cm，并施加温度、尺长、钢尺自重的改正。

（6）高程控制测量

地下隧道中的起始点高程是从地面通过竖井导入标高，而为了测设隧道的设计高程位置和满足施工需要，需建立地下高程控制点。

地下水准测量分两级进行，Ⅰ级水准测量为首级控制，应满足高程方向贯通的要求，Ⅰ级水准路线沿主要隧道敷设，Ⅰ级水准路线在精度上对Ⅱ级水准路线起着控制和检查的作用。Ⅱ级水准属于地下高程的工作控制，是用来指导隧道按设计坡度施工的，Ⅰ级水准点为永久性标志，点位可选在隧道侧墙的砌体上，可利用地下永久导线点作为永久水准点。Ⅱ级水准点只设临时标志，其等级以四等为准。重复测量的高程点与原测点的高程较差应小于 5mm，并应采用逐次水准测量的加权平均值作为下次控制水准测量的起算值。地下控制水准测量的方法和精度要求同地面精密水准测量。

竖井开挖进入隧道后，将中线点、水准控制点和方向引入隧道洞中。隧洞中配备 3 台激光指向仪，如图 3-9 所示。

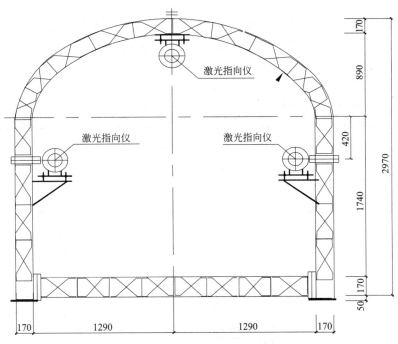

图 3-9　隧道初衬激光指向仪安装图

为便于施工，一般情况下两侧的激光指向仪高度与连接板或腰线（起弧线）高度等高，宽度距初支结构 20cm 左右，中间激光安装在隧道中线正上方距初支结构 20cm 左右，为防止激光跑偏，隧道每掘进 10m 左右对激光指向仪进行校核一次，如有偏差及时校正，保证隧道开挖精度。

在洞壁定出合适的高程指导点（如连接板或拱肩），按隧道坡度安装激光指向仪，依激光指向仪施工。精确定出隧道变坡点，到达变坡点后需重新安置激光指向仪。

本工程施工放样测量工作包括隧道中线测量、开挖轮廓标绘、衬砌模板定位等，施工放样根据测量控制点进行，并交叉复核。在圆曲线段（转角处），根据设计图标绘出开挖边界和格栅的位置。

8. 隧道掘进测量

为保证和检查隧道掘进按设计要求施工而进行的测量，称为隧道掘进测量，其主要任务有：

根据隧道设计资料，求得放样数据，在实地放样出隧道的掘进中线位置和隧道底板高程。

在直线隧道中，为了减少导线量距误差对隧道横向贯通的影响，应尽可能将导线沿着隧道中心敷设，导线点数不宜过多，以减少测角误差对横向贯通的影响，由于地下导线是布设成支导线的形式，而且每设一个新点，中间要隔上一段时间，因此在每次测定新点时，将以前的控制点进行校核。由于地下导线边长较短，应尽可能减少仪器对中误差及目标偏心误差的影响。洞外水准点、中线点根据隧道平纵图、隧道长度等定期进行复核，洞内控制点根据施工进度确定。两竖井间隧道长度较长时，在洞门口设置激光指向仪进行量测。

隧道掘进的过程中，随时检查和验收其掘进方向坡度和断面规格等是否符合设计要求。

当暗挖段贯通前，及时进行平面、高程的贯通测量，在整个贯通段内进行统一平差，求出控制点平差后坐标及高程，以便对下一步施工提供精度更高的数据。贯通测量限差参照《工程测量标准》GB 50026—2020 的要求（表 3-7）。

隧道工程贯通限差　　　　　　　　　　　　　　　　　　　　　　表 3-7

类别	两开挖洞口间长度 L（km）	贯通误差限差（mm）
横向	$L<4$	100
	$4{\leqslant}L<8$	150
	$8{\leqslant}L<10$	200
高程	不限	70

隧道控制测量对贯通中的影响值不应大于《工程测量标准》GB 50026—2020 中的要求，见表 3-8。

隧道贯通影响值　　　　　　　　　　　　　　　　　　　　　　表 3-8

两开挖洞口间的长度 L（km）	横向贯通中误差（mm）				高程贯通中误差（mm）	
	洞外控制测量	洞外控制测量		竖井联系测量	洞外	洞内
		无竖井	有竖井			
$L<4$	25	45	35	25	25	25
$4{\leqslant}L<8$	35	65	55	35		
$8{\leqslant}L<10$	50	85	70	50		

9. 隧道中仪器使用技巧

隧道中控制水准测量选用 DS1 水准仪，水准尺要便于在隧道内使用，长度要适合隧道高度，可用钢瓦尺。地下施工测量可选用 DSZ3 级自动安平水准仪和 2m 木制板尺。

观测方法与地面水准观测相同，将水准仪安置在两水准尺之间，整平水准仪，分别在两水准尺上读数，高差计算的基本原理也同地面水准高差计算原理公式一样，但在施工中要注意，由于水准点的点位有的在顶板，水准尺竖直倒立，故要注意读数的正负号取值。在施工过程中，为了检核和提高观测精度，每一测站改变仪器高度，独立观测两次，变化仪器高度不应小于 10cm。

10. 质量保证措施

精密导线控制测量、精密水准控制测量，严格按照规范要求使用其规定的仪器设备，所测成果必须在规范限差内，如有超限必须重测。由于施工周期较长，冻土及其融化后进行联测，及时发现误差，保证基准点的准确性。

为保证达到测量精度要求，确保工程质量，结合工程实际情况，从以下几方面加以保证：

（1）工程开工前制定具体的测量方案，并上报主管部门审批。

（2）施测人员由具有丰富地下隧道测量经验的持证人员担任，其成员由测量工程师，测量技师，高、中级工组成。

（3）现场交接桩时，均需有交接桩记录，记录必须内容完整、签字齐全。

（4）原始数据必须标明日期、施测人、校核人。

（5）所有测量结果必须经专人复核后，方可用于指导施工。

（6）所有测量仪器必须达到其标称精度，并在年检期内。

（7）对所有测量数据进行信息化管理，采用计算机辅助软件进行相关计算、处理分析。

（8）对于激光指向仪要随时检查调正，以保证激光束的准确性。

（9）有效地保护一切基准点和其他相关标志，直至工程竣工验收结束为止。

（10）保证在工程验收时，向监理工程师提供所需的测量仪器校准及合格证等资料和必要的测量人员信息。

11. 对测量人员的要求

（1）测量人员要有高度的责任心，施工前认真核对技术交底，明确放样内容，熟悉放线步骤，并画出放线草图。对于放线工作中的每一步骤必须坚持步步校核的原则，做到测必核，核必实。爱护仪器，禁止对测量器具的人为损坏，禁止坐压仪器盒、塔尺等，对各种器具定时进行检测、保养，使之处于良好状态，确保日常工作的正常使用。

（2）对操作的要求

测量人员放线时，必须严格遵守测量规范规定的操作步骤及要求，做到步步校核，避免出现错误。

（3）测量目标

测量放线合格率100％，保证达到施工进度的要求。

12. 施测安全及仪器管理

（1）施测人员进入施工现场必须戴好安全帽。

（2）在临边作业时，确保架设的仪器稳定及施测人员的安全。

（3）测量工作必须贯彻安全生产的方针政策，严禁在高压线的危险范围内进行测量工作，在雷雨天气的情况下，严禁在大树下、车辆下、涵洞内等有可能造成雷击或水淹情况发生的地区作业。

（4）对测量工具要进行定期的保养工作，钢尺要定期进行柴油等的擦拭工作，以免尺面数字不清或掉落。要正确地接拆花杆工作，用完后放入花杆套，禁止挤压，防止造成花杆的弯曲。塔尺在使用过程中要精心防护锁扣的损坏，在使用完后，要用尺套包好，防止沙土进入尺心造成塔尺损坏。

（5）水准仪要经常检校仪器本身的高差误差，每次不准超过3mm，在测量工作使用水准仪器前要检查补偿器是否处于工作状态后方可进行水准测量工作，在每一次测量工作前要对相邻水准点进行复核，以免造成人为视差而不被发现。

（6）全站仪在搬运的过程中，要确保制动螺旋处于松动的状态，防止制动卡簧崩裂，将仪器从三脚架上取下后，放入仪器盒内搬运。定期对光学对中器进行检校，使之始终处于垂直状态。对三轴定期校核，以确保测量工作的精度要求。

（7）全站仪要始终保证电脑程序的正常状态，禁止对测量数据库的有效参数进行更改，在测量工作前要对光学测距工作进行校核，全站仪电池禁止不按充电的使用说明书的方法或过长过短的充电操作。全站仪的数据程序文件夹要尽量使用同一个，减少大量占用内存，以释放有效的存储空间。棱镜头要始终保持干净，减少测距误差。花杆圆水准气泡要保持准确。

第四章　道路工程测量

随着国民经济和社会的发展，对各省市公路运输的要求也越来越高，公路建设施工蓬勃发展。道路工程测量作为道路工程施工的一部分，是不可忽视、不可替代的。道路工程测量是整个道路工程施工的第一步，也是相当重要的一步。道路工程测量并不复杂，但就像桥梁、隧道等其他工程测量一样，需要测量工作者万分的细心。一个点位错误就极有可能影响整个道路工程施工。道路工程测量的主要任务就是将设计图纸体现的各结构位置准确无误的实地体现出来，是整个后续道路工程施工的基础，是整个道路工程施工方向的指引。道路工程测量需要相关测量人员勤校核、勤测量，将局部与整体紧密衔接，用一次一次准确的定位放样，将整个道路工程的设计完美地体现在施工现场。本章通过某个工程的道路工程测量来具体阐述一下道路工程测量的整体流程、内容、相关技术方法及要点。

第一节　实例工程概述

根据某市总体规划，为配合该市机场的整体配套建设，需要在机场周边兴建一条服务于机场周边建设的市政道路及管廊工程。本道路规划为城市主干路，是连通机场周边各功能区的主要通道，同时也是沿线交通集散及居民出行的主要通道和公交主通道。

该项目为整个道路设计线第二标段，起始桩号为：K6+500～K8+300，道路长度为1800m。其中项目全部参建工程包括道路工程、桥梁工程、雨污水工程、再生水工程、给水工程及电力工程。

整个工程施工坐标采用地方坐标系，高程采用地方高程系统。由业主单位提供准确详细的控制点坐标值和高程值。进入施工现场前，根据施工现场情况及施工方整体现场平面设计图，埋设施工控制点，形成控制网，进行控制点的三维坐标值复核以及内业计算。

道路标准横断面为四幅路形式如图4-1所示，中间分隔带宽12m，两侧机动车道各宽11.5m，两侧分隔带各宽5m，两侧非机动车道各宽3.5m，最外侧人行道各宽4m。其中机动车道、非机动车道坡度为1.5%，人行道坡度为1%。本标段也包含数段非标准横断面及渐变段。

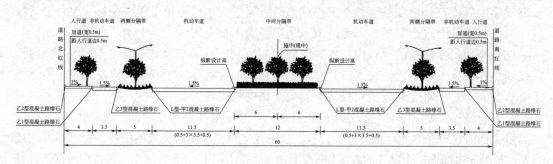

图4-1　标准断面图

第二节　测量过程、内容与主要技术方法

1. 施工准备

（1）技术准备

1）制定测量工作计划；

2）熟知图纸及相关规范；

3）图纸会审工作中关于施工图施工测设数据的核算整理；

4）结合本工程专业特点编制测量技术交底及施工测量方案；

5）控制点的交接、加密与复核。

（2）施工测量数据的准备

1）依据施工图计算施工放样数据；

2）施工放样数据的验算校核；

3）依据放样数据绘制施工放样简图；

4）施工测量放样数据和简图均应进行相互校核。

（3）测量仪器的准备

根据本工程的特点和工程放线的精度要求，项目部配备的主要测量仪器和配套物品（表 4-1）必须满足施工需要和精度要求。

仪器设备表　　　　　　　　　　　　表 4-1

序号	设备名称	规格/型号	精度	数量	备注
1	全站仪	拓普康 ES-602G	2 秒级	1 台	
2	水准仪	DSZ2 自动安平水准仪	±1mm	1 台	
3	水准仪	B40　SOKKIA	±1mm	1 台	
4	单棱镜		－30	2 个	
5	塔尺		±0.01mm	4 把	
6	对讲机	北峰 BF-318	/	3 套	
7	RTK	中海达 V90	平面:±8mm+1ppm 高程:±15mm+1ppm	1 台	

注：1. 所有仪器设备都应有相关检测机构出具的检定合格证书，并按检测周期定时检定。

2. 仪器检定需按照国家（市）各类设备检定规程规定的周期、检定方法、检验准则在国家授权的计量单位进行检定。

3. 保存检定记录，建立仪器管理台账，内容主要包括：型号、数量、检定时间、搬运、收发使用、保养记录等。

4. 安排相应的测量人员负责仪器日常管理维护。

5. 严格按照操作规程操作，杜绝冒险、违章作业。

6. 各作业分部应将仪器使用的各种资料上报项目部测量负责人以及监理单位统一管理。

2. 施工内容

（1）施工流程（图 4-2）

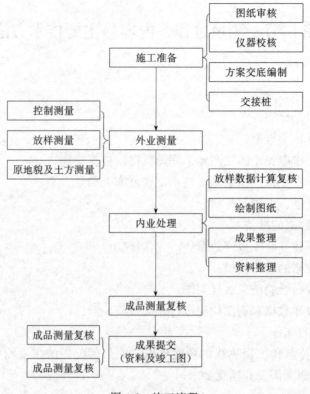

图 4-2 施工流程

（2）测量桩位交接、复测

在整个工程项目进场之前，测绘院需向施工单位提供施工过程中采用的基准控制点点位。此基准点是施工单位在整个施工过程中长期使用的基准控制点，包括平面控制网的建立复核、高程控制网的建立复核、施工放样及复测、变形监测等相关工作。交接桩时需确保桩位的稳固和完整，如桩位发生破坏或失稳现象，可要求业主单位重新递交新点位，并同时做好交接桩记录。接桩完成后，施工单位测量部门应会同监理单位对接桩后的桩位及时进行复测，同时进行相关内业计算，确保交接数据准确无误，并妥善保管桩位点，必要时采取保护措施，如加固或制作醒目的警示牌、警示栏。

（3）布设施工控制网

为保证各个施工阶段的各类建（构）筑物位置的准确性，需根据设计说明中对本工程的测量精度等级的要求编制包含平面控制网、水平控制网、测量放样、变形监测等内容在内的施工测量方案和施工复测方案，并报测量监理工程师审批。审批合格后，施工方需以测量施工方案为依据进行测量放样及复核。施工过程中严格按照测量监理工程师审批的方案进行导线、高程控制点的复测，复测完成后编制复测成果报告，上报监理单位。经监理工程师签字确认后投入工程使用。

1）平面控制网的布设

平面控制网布设之前，测量人员需依据施工平面图及现场情况确定加密控制点的具体位置。布设原则为：点位通视、便于测设、点位稳固、点位间距尽量相同，同时布点时尽量避免施工过程中点位的挪动，降低点位挪移造成精准度下降的风险。下面以某工程实例具体讲解一下控制点的布设。

本工程地处当地防护林区及大棚种植区，前期由于种种原因导致拆改不到位，使得整个施工红线范围东西全长均处于防护林区。红线范围内遍布各种树木，红线范围南侧为村庄，北侧是防护林，唯一一条便于布设控制点的线路位于南侧红线和村庄之间的一条混凝土村路。经过项目测量组成员及现场负责人的综合考虑，规划出如图 4-3 所示的一条导线线路。该线路为沿整个南侧红线排布，且均不在红线范围内，均位于路边，减少了施工过程中人员、机械等对点位的扰动。点位布置于防护林中间土路路边，可穿过防护林引入施工现场，便于后期点位的加密及引入施工现场。加密控制点采用现场挖坑浇筑混凝土的方法，将混凝土充分振捣密实，插入直径为 28mm 的钢筋，待混凝土达到要求强度且点位稳固之后，在钢筋头上利用切割工具切出深度适中的十字丝，并将事先编号的点位标识标记在点位上，便于后期找点方便。最后将事先准备好的用于保护点位的警示栏及标识置于点位附近。

2）附合导线测量

①外业测量

如图 4-3 所示，以 IG8、IG9 的连线方向作为已知方位角方向，以 IG8 作为测站点将经过校验的全站仪架设于 IG8 点，旋转全站仪盘左位置照准 IG9，精确瞄准，将水平角度置为 $0°00'00''$，点击测距，记录测量数据；将仪器顺时针旋转照准 S1，精确瞄准之后读取测角和测距读数，将所测结果填写在导线测量原始记录表中；旋转照准部以盘右照准 S1，读取角度和测距读数并记录，然后逆时针旋转照准部照准 IG9，读数并记录。依此方法，依次将 S1～IG10 作为测站点，读取测量数据并记录（表 4-2），以作为内业计算依据。

注：测量过程中，应按照导线等级要求确定测回数，各测回间起始方向水平度盘读数应变换为 $180°/n$（n 为测回数）。例如本工程按照导线等级要求，需要在每个测站测量 2 个测回的角度数值，则每个测回起始水平角的设置读数依次为 $0°00'00''$、$90°00'00''$。填写完数据后需及时计算限差（半测回归零差、一测回内 2C 互差、同一方向值各测回较差、两次读数差、测距差等），如发现超出导线等级限差要求，及时重测，直至满足相关导线等级要求为止。符合导线等级要求后，继续下一测站的测量。

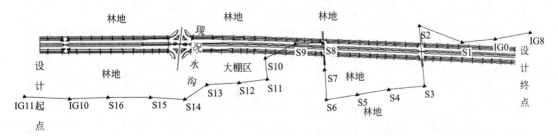

图 4-3　附合导线分布图

②内业计算（表 4-3）

角度闭合差计算与调整：

$$f_\beta = \alpha'_{终} - \alpha_{终}$$
$$\alpha'_{终} = \alpha_{起} - n \times 180° + \sum \alpha_{左}（适用于左角）$$
$$\alpha'_{终} = \alpha_{起} + n \times 180° - \sum \alpha_{右}（适用于右角）$$

表 4-2

水平观测测记录表

水平角测回法记录手簿

日期：　　　　　　　　　　　　　　　　观测：

天气：　　　仪器型号：

　　　　　仪器编号：　　　　　　　　　　记录：

测站	测回数	测点	盘位	水平度盘读数	2C	水平角值	一测回平均角值	平均角值	水平距离	一测回水平距离平均值	水平距离平均值	备注
			左									
			右									
			左									
			右									

计算：　　　　　　　　复核：　　　　　　　　监理工程师：　　　　　　　　日期：

附合导线成果计算表（部分数据）

表 4-3

点号	观测左角 (° ′ ″)	改正数 (″)	方位角 (° ′ ″)	平距 (m)	坐标增量 (m)		改正数 (mm)		改正后坐标增量 (m)		平差后坐标 (m)	
					ΔX	ΔY	X	Y	ΔX	ΔY	X	Y
IG8											××141.106	××546.040
			260°36′05″									
IG9	183°31′32″	−1.9		125.223	−12.815	−124.566	1	−3	−12.814	−124.569	××118.370	××408.682
			264°07′35″									
1[3]1	207°09′29″	−1.9		175.193	63.593	−163.244	1	−3	63.594	−163.247	××105.556	××284.113
			291°17′02″									
1[3]2	65°12′53.5″	−1.9		92.138	−91.966	5.628	0	−2	−91.966	5.626	××169.150	××120.866
			176°29′54″									
1[3]3	178°20′22.5″	−1.9		131.425	−130.892	11.826	1	−2	−130.891	11.824	××077.184	××126.492
			174°50′14″									
1[3]4	269°32′37.5″	−1.9		133.444	−13.067	−132.803	1	−2	−13.066	−132.805	××946.293	××138.316
			264°22′50″									
1[3]5	177°37′24″	−1.9		122.788	−17.082	−121.594	1	−2	−17.081	−121.596	××933.227	××005.511
			262°00′12″									

$$f_{\beta容}=\pm10\sqrt{n}\text{（各级导线的限差见规范）}$$

$f_\beta \leqslant f_{\beta容}$ 时，测量结果合格，将闭合差相反数平均分配给各个观测角。

坐标方位角推算：

$$\alpha_{前}=\alpha_{后}+\alpha_{左}-180°\text{（适用于右角）}$$
$$\alpha_{前}=\alpha_{后}-\alpha_{右}+180°\text{（适用于左角）}$$

推算时应：计算出的 $\alpha_{前}\geqslant360°$，应减去 $360°$，$\alpha_{前}<0°$，则应加上 $360°$，最后推算出的 IG10/IG11 的坐标方位角应与原有已知坐标点计算出的方位角一致，否则应重测。

坐标增量计算：

$$\Delta x=x_b-x_a=l_{ab}\cos_{AB}$$
$$\Delta y=y_b-y_a=l_{ab}\sin_{AB}$$

坐标增量闭合差计算：

$$f_x=\sum\Delta x_{测}-\sum\Delta x_{理}=\sum\Delta x_{测}-(x_{终}-x_{起})$$
$$f_y=\sum\Delta y_{测}-\sum \quad \Delta y_{理}=\sum\Delta y_{测}-(y_{终}-y_{起})$$
$$f=\sqrt{f_x^2+f_y^2} \qquad K=\frac{f}{\sum l}=\frac{1}{\dfrac{\sum l}{f}}$$

坐标增量闭合差是按与边长成正比分配的，故

$$V_{x_i}=-\frac{f_x}{\sum 1}\times l_i,V_{y_i}=-\frac{f_y}{\sum 1}\times l_i$$
$$\sum V_{x_i改}=-f_x \qquad \sum V_{y_i改}=-f_y$$
$$\Delta x_{i改}=\Delta x_i+V_{xi} \qquad \Delta y_{i改}=\Delta y_i+V_{yi}$$

坐标计算：

$$x_{前}=x_{后}+\Delta x_{改} \qquad y_{前}=y_{后}+\Delta y_{改}$$

3）高程控制网测设

①外业测量

本工程采用两次仪器高法进行水准测量。

在 IG9 与 1[3]1 中间点设站，精确整平后，瞄准后视点 IG9，依次读取水准仪三丝读数，旋转水准仪照准部，瞄准前视点 1[3]1，读取三丝读数，计算视距、视距差是否符合等级要求。调整仪器高，分别读取前、后视读数，计算出高差较差、平均高差。填写完数据后需及时计算限差，如发现超出相关等级限差要求，及时重测，直至满足相关水准复核等级要求为止。符合等级要求后，继续下一测站的测量。按此方法，依次在各点之间设站，测量点位高差，记录水准测量外业记录表（表 4-4）。

②内业计算（结果见表 4-5）

理论高差：

$$\sum h_{理}=H_{终}-H_{起}$$

高差闭合差：

$$f_h=\sum h_{测}-(h_{终}-h_{起})$$

高差闭合差分配计算：当 $f_h \leqslant f_{h容}$ 时，说明观测结果合格，可进行高差闭合差的分配，即按与路线长度 L 或测站数 n 成正比的原则反号分配。

$$V_i = -\frac{f_h}{L} \times L_i \left(\text{或} \ V_i = -\frac{f_h}{n} \times n_i \right)$$

式中：L——水准路线总长度（km）；

$\quad\quad L_i$——第 i 段路线长度（km）；

$\quad\quad n$——水准路线总测站数；

$\quad\quad n_i$——第 i 段路线测站数

$\quad\quad V_i$——分配给第 i 段观测高差 h_i 的改正数。分配后进行校核，若 $\sum V_i = -f_h$，则说明计算无误。

改正后高差：

$$h_i = h_{i测} + V_i$$

改正后高程：

$$H_i = H_{i-1} + h_i$$

水准测量外业记录表　　　　　　　　　　　　　　　表 4-4

测点编号	后 上丝		前 上丝		方向及尺号	中丝读数		高差较差	平均高差	备注
	尺 下丝		尺 下丝			第一次	第二次			
	后视距		前视距							
	视距差 d		Σd							
	（1）	（2）			后尺	（3）	（8）			
	（4）	（5）			前尺	（6）	（7）			
	（9）	（10）			后一前	（13）	（14）	（15）	（16）	
	（11）	（12）								
IG8	1.948	1.793			后尺	1.592	1.644			
	1.236	1.085			前尺	1.439	1.49			
	71.2	70.8			后一前	0.153	0.154	−0.001	0.154	
	0.4	0.4								
					后尺					
					前尺					
					后一前					
					后尺					
					前尺					
					后一前					

水准测量成果表　　　　　　　　　　　　表 4-5

施工单位：					编号：		

测点编号	后视	前视		高差改正数（m）	改正后高差	高程	备注
		转点	高差				
IG8	1.644					24.319	
			0.154	0.0010	0.155		
IG9	1.270	1.490				24.474	
			−0.349	0.0008	−0.348		
1[3]1	1.520	1.619				24.126	
			0.430	0.0011	0.431		
1[3]2	1.551	1.090				24.557	
			0.082	0.0006	0.083		
1[3]3	1.403	1.469				24.640	
			−0.194	0.0009	−0.193		
1[3]4	1.279	1.597				24.446	
			−0.130	0.0009	−0.129		
1[3]5	1.595	1.409				24.317	
			−0.099	0.0008	−0.098		
1[3]6	1.530	1.694				24.219	
			0.377	0.0008	0.378		
1[3]7	1.509	1.153				24.597	
			0.189	0.0007	0.190		
1[3]8	1.400	1.320				24.787	
			−0.194	0.0007	−0.193		
1[3]9	1.510	1.594				24.593	
			−0.116	0.0007	−0.115		
1[3]10	1.389	1.626				24.478	
			0.296	0.0008	0.297		
1[3]11	1.342	1.093				24.775	
			0.186	0.0005	0.187		
1[3]12	1.490	1.156				24.961	
			0.085	0.0007	0.086		
1[3]13	1.347	1.405				25.047	
			−0.627	0.0008	−0.626		
1[3]14	1.944	1.974				24.421	
			0.551	0.0009	0.552		
1[3]15	1.491	1.393				24.973	
			−0.070	0.0009	−0.069		
1[3]16	1.392	1.561				24.904	
			−0.158	0.0011	−0.157		
1[3]17	1.784	1.550				24.747	
			0.480	0.0010	0.481		
IG10	1.281	1.304				25.228	
			−0.404	0.0011	−0.403		
IG11		1.685				24.825	

$f_h = h - (h_2 - h_1) = 0.489 - (24.825 - 24.319) = -0.017\text{m}$　　每站改正数 $f_{改} = -(-0.017 \times 每站距离\ L/\sum L)$

$f_{h容} = \pm 20\sqrt{L} = \pm 0.032\text{m}$　　$\sum L = 2525.6\text{m}$　　$f_h < f_{h容}$　　符合四等水准要求

计算：		复核：		监理工程师：		日期：	

（4）现况调查与原地貌测量

1）施工前，应先放出路基征地线（红线），调查并记录征地线范围内需拆迁或改移的建（构）筑物、树木、文物古迹、各类地上地下管线平面位置、高程等，通知相关单位进行拆改迁移。若征地线范围不能满足施工需要，应及时以书面形式报告监理及建设单位。

2）放样出设计图纸中过路箱涵、管涵等结构物的中心线位置，并调查其平面位置与高程是否与现况相符。若不相符，应及时向监理及建设单位提出，经其确认后再由设计单位进行变更设计。

3）施工单位会同设计单位与监理单位，对整个红线范围内原地貌进行系统详尽地测量，并形成书面签字文件三方留存，为后期土方施工留好原地貌数据，便于进行土方量的计算。

（5）施工场区平面布置放样

工程施工前需明确施工场区临建、材料加工场、堆土区、用电线路、供水线路、导改线路、设计构筑物及道路等的布置，并实地放样，如有影响施工的因素及时调整。各区域边线需结合设计图纸及施工交底合理定位，保证后续施工的顺利进行。

平曲线要素表

表4-6

交点号	交点桩号	交点坐标		转角值		曲线要素值（m）					第一缓和曲线终点或圆曲线起点	曲线中点	第二缓和曲线起点或圆曲线终点	直线长度及方向		计算方位角
		X	Y	左转角	右转角	半径	切线长度	曲线长度	外距	校正值				直线长度（m）	交点间距（m）	
1	2	3	4	5	6	7	8	9	10	11	12	13	14	15	16	17
QD	0+000	××2035.164	××4293.463													79°11′0.90″
JD1	3+531.06	××2697.813	××7761.791		1°49′0.44″	11500	182.342	364.653	1.445	0.031	3+348.72	3+531.05	3+713.37	3348.721	3531.063	81°0′1.33″
JD2	4+624.64	××2868.884	××8841.936	6°48′10.92″		1500	89.156	178.103	2.647	0.21	4+535.48	4+624.54	4+713.59	822.11	1093.608	74°11′50.42″
JD3	5+496.56	××3106.387	××9681.105		15°48′9.58″	1000	138.785	275.808	9.585	1.762	5+357.78	5+495.68	5+633.58	644.189	872.131	90°00′00″
JD4	7+230.38	××3106.387	××1416.685		2°45′29.31″	6000	144.444	288.832	1.738	0.056	7+085.94	7+230.35	7+374.77	1452.351	1735.58	92°45′29.31″
JD5	9+994.22	××2973.388	××4177.38	9°45′29.31″		1000	85.362	170.312	3.637	0.431	9+908.86	9+994.01	10+079.17	2534.091	2763.897	83°0′0.04″
ZD	11+947.45	××3211.477	××6116.462											1868.282	1953.644	

（6）道路测量内业数据

1）放样数据计算（测量专用计算器计算）

基础数据依据：道路结构设计图（图 4-4）、平曲线要素表（表 4-6）、竖曲线要素表（表 4-7）、路口等高线设计图（图 4-5）。

竖曲线要素表　　　　　　　　　　　　　　　　　　　　　　表 4-7

桩号	高程	凹凸	半径	T1	T2	外距	变坡点间距	直坡段长	坡度%
K6+500.000	25.071								
K6+600.850	24.768	凹	15000	48.793	48.793	0.079	100.85	52.057	−0.3
K6+795.350	25.449	凸	15000	48.759	48.759	0.079	194.5	96.948	0.35
K6+950.350	24.984	凹	8000	42.014	42.013	0.11	155	64.227	−0.3
K7+110.540	26.186	凸	6000	37.498	37.498	0.117	160.19	80.679	0.75
K7+299.090	25.244	凹	10000	39.972	39.973	0.08	188.55	111.08	−0.5
K7+540.540	25.968	凸	15000	44.989	44.989	0.067	241.45	156.488	0.3
K7+840.540	25.068	凹	15000	45	45	0.067	300	210.011	−0.3
K7+990.540	25.518	凸	12000	45	45	0.084	150	60	0.3
K8+250.540	24.348	凹	12000	44.961	44.961	0.084	260	170.039	−0.45
K8+310.000	24.526						59.46	14.499	0.299

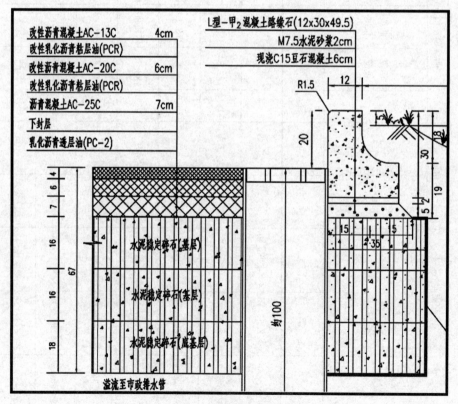

图 4-4　路面结构设计图

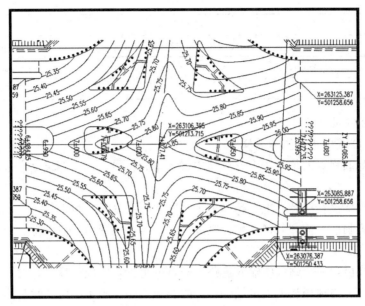

图 4-5　路口等高线设计图

2）曲线要素录入与计算

在软件中按照设计单位提供的曲线要素数据及设计文件准确录入道路设计参数。数据录入时应反复检查，确保输入的数据准确无误。录入数据包括平曲线要素、竖曲线要素、路面宽度、横坡、边坡系数、各结构层厚度、路幅渐变点坐标、渐变段宽度、路口边界线等。

曲线要素录入时需综合考虑施工图纸正确与否、施工工艺、施工过程等的影响，录入数据需要做适当调整。因此在数据录入时需注意以下几个方面：

①首次使用软件计算时数据应进行手算核验。

②计算道路断面数据时，需严格注意道路路幅宽度变化点、各车道宽度变化点。

③计算放样点数据时，应按技术交底计算各点位数据。例如在放样道路水稳层、道路各路幅设计边界线时，应综合考虑铺筑厚度、预留宽度、放坡系数、虚铺厚度、施工作业空间等因素。

④涉及道路曲线段时，可根据曲线半径适当减小相应中桩间距，保证完成后曲线段的线型平顺美观，直线段可根据实际情况将放样间距设置为 10m、20m 或 50m。

⑤路口等高线处需单独输入设计数据，做好与路口边界范围处的顺接即可。

3）中桩坐标计算成果见表 4-8。

部分中桩坐标表　　　　　　　　　　表 4-8

中桩坐标表			
桩号（m）	坐标 X（m）	坐标 Y（m）	设计高程
K6+500	××035.164	××293.463	25.730
K6+520	××038.9173	××313.1077	25.670
K6+540	××042.6705	××332.7523	25.610
K6+560	××046.4238	××352.397	25.550

桩号(m)	坐标 X(m)	坐标 Y(m)	设计高程
		中桩坐标表	
K6+580	××050.177	××372.0417	25.490
K6+600	××053.9303	××391.6864	25.430

（7）道路施工测量

1）道路各路幅中边线测量放样

①根据实际放样点的位置，在计算器中输入里程桩号、偏距等道路参数，计算出放样点坐标。

②将全站仪架设在控制点上，精确整平，输入测站坐标，量取仪器高，旋转全站仪照准后视点，精确瞄准，输入后视点坐标完成定向。定向完成后，应测量后视点或就近的其他控制点坐标完成定向校核。

③定向完成后，在全站仪中输入道路放样点的坐标，完成放样，并打入定位桩，定位桩应稳固牢靠，并与现场相关人员做好点位的交接说明。施工中应及时复测定位桩坐标点位，如有破坏及时增补复位。

④全部放样点测设完成后，应用经过校验的尺子对本次放样完成的点位进行校核。点位校核内容包括：结合施工图纸校核放样点位与已完工结构位置的点位关系，及此次放样部位的结构尺寸，确保放样点位准确无误后方可开始施工。

在进行道路各结构层顶面施工前应准确定位道路各结构层中线及边线，保证道路成品完工后符合设计及规范要求。

⑤道路结构完成后进行路面结构、井位、雨水口以及路面附属结构平面位置及高程数据的最终复核。

2）道路各路幅中边线高程测量放样

将水准仪架设在适当位置，精确整平，读取后视读数，并实测就近其他水准点高程完成校核。根据计算出的高程数据进行放样与复核，放样点位需埋设标高桩，并标明设计高程线，同时与相关现场人员做好交接。施工过程中需多次复核高程放样点的准确性。

（8）放样实例

下面以该标段一个比较复杂的十字路口为例，详细讲述一下具体放样方法。路口结构图及路口等高线设计图如图4-4、图4-5所示，该路口桩号范围为 K6+984.69～K7+069.87，路口范围内包含不规则无障碍步道、车止石以及在路口圆弧道路最低点处设置有雨水口用作道路排水。路面排水设置在由路口中心桩号 K7+027.41 道路中线处作发散状向四个路口圆弧最低点处排水。等高距约为 3.5m，等高线间高差为 0.05m。具体施工放样复核步骤如下：

1）场地清表及原地貌测设。将该路口范围内原地面的杂草、树根、石块、垃圾及表层土等杂物清除，清表前后高程数据应同业主单位和监理单位同时测量，并签字确认。并对测量数据进行留存以作为清表和土方量计算的依据。

2）将设计提供路口各边界线位置利用 RTK 实地放样以明确施工用地范围，设计提供的坐标为路面完成面的坐标，各结构层放样前需要根据设计给的边坡放坡系数 1∶2 及边坡顶宽度计算出道路原地面处设计路口范围边线。

3）此路口范围内设计的土方部分为填方段、部分为挖方段。路口填筑高度为 0.6～1.2m，道路单层填筑厚度为 20cm，根据路面结构图（沥青面层 17cm、水稳厚度 50cm，共计厚度 67cm），故此路口范围填方段需填筑 60cm 左右，填筑层数大约为三层，挖方段最深处挖方厚度为 40cm 左右。

4）用 RTK 放样路口等高线特征点位置，特征点为每条等高线与四个方向直线段交接点处、等高线拐点处，特征点间距可根据现场施工情况方便与否进行适当调整。

5）位置明确后，填土时需用水准仪准确测量各点高程，直至填挖完成高度达到设计路床顶高程。

6）边坡修整。根据设计边坡顶标高路肩宽度及边坡放坡系数定位出坡脚线位置，保证边坡坡面美观顺直。

7）路口范围填挖土完成后进行全路口范围点位的测量复核调整。重新放样各特征点及等高线加密点，如发现平面位置、高程与设计不符，及时调整，直至满足设计要求后方可准备铺筑水稳。水稳铺筑层数为三层，前两层可根据各铺筑层厚度来控制水稳铺筑厚度，第三层时需随摊铺机、压路机进行跟踪测量水稳高程直至达到设计水稳顶标高，水稳铺筑完成后应对整个路口进行封闭养护。养护期内可对水稳完成面进行复测，确保水稳完成面的坡度、厚度应符合设计及规范要求。

8）排水设施施工。本工程排水设计为海绵结构，路面雨水直接排至就近绿化分隔带内。放样出雨水口结构位置，保证每个雨水口均位于道路设计最低点处，定位出雨水支管位置及雨水口标高，保证最终路面完成面不积水、不反坡排水。

9）水稳养护期结束后，开始进行路口范围内路缘石的施工。用全站仪放样出全路口范围内人行道及无障碍步道处路缘石设计位置，路缘石高程为设计沥青面外露 15cm 计算所得。放样弧形路缘石时应保证放样完成后，路缘石定位线顺直，弧线线型美观，没有明显的折点路缘石顶面高程准确无误，坡度符合设计要求。

10）路缘石砌筑完成后，清理水稳面上的杂物，准备放样沥青面的平面位置及高程。路缘石处各层沥青面顶标高可直接由路缘石下反得到，其余位置重新放样等高线位置及沥青面各层标高。圆弧处雨水口位置需特别注意，保证雨水口位置为路口最低处，沥青面摊铺至雨水口处时，可将雨水口高程调整至低于周围路面 5mm，保证路口处排水顺畅且不积水。整个路口范围内沥青铺筑完成面应保证路面平整。最后一层沥青铺筑时，应及时对路面标高进行复核。沥青面整个摊铺完成后及时复测。

11）人行道铺筑，保证人行道横坡为 1‰ 坡向机动车道排水。人行道的横纵坡应满足设计要求，且应保证人行道表面平整，步道砖砖缝顺直美观。

12）各结构层施工时，等高线在保证设计排水及道路结构要求的情况下可适当调整。

3. 道路测量注意事项

（1）道路测量中直线上中桩测设的间距不应大于 50m，平曲线上宜为 20m；当地势平坦且曲线半径大于 800m 时，其中桩间距可调整为 40m。当公路曲线半径为 30～60m、缓和曲线长度为 30～50m 时，其中桩间距不应大于 10m。当公路曲线半径和缓和曲线长度小于 30m 或采用回头曲线时，中桩间距不应大于 5m。

（2）路基施工前，应根据恢复的路线中桩、施工工艺、现场平面布置图和相关规范要求钉出路基边界桩和路堤坡脚、路堑堑顶、边沟、取土坑、护坡道、弃土堆等的具体位置。在距路中心一定安全距离处设立控制桩，其间隔不宜大于50m。桩上标明桩号与路中心填挖方高度，用（＋）表示填方，用（－）表示挖方。

（3）在放样完边桩后，应进行边坡放样对深挖高填地段，挖掘机每换一个座基位置（2～5m）都要放出该挖方段的坡脚，检查是否符合设计坡度，与此同时放样边线开挖点，测定其标高保证下一道边坡开挖坡度要求。

（4）路基施工期间每月应复测一次水准点及导线点，如有变动，及时更改校正。

（5）机械施工中，应在边桩处设立明显的填挖标志。宜在不大于50m的段落内，距中心桩一定距离处埋设能控制标高的控制桩如发现控制桩被碰倒或丢失应及时重测或补测。

（6）边沟、截水沟和排水沟放样时，宜每隔10～20m在沟内外边缘处钉木桩并注明对应里程桩号及填挖深度。排水沟的线型应顺直，线型美观，没有明显的折点。

（7）填方路段

清表后，根据坐标法和填方宽度计算法，放样出路基填方的坡脚线，直线段每隔20m一个桩，曲线段视曲线半径分别为10m和5m一个桩，并注明填方高度。

填方段路基每填一层恢复一次中线、边线，放样出路基填方的实际需要宽度，并在桩上标明填方深度，同时进行高程测设。在距路床顶1.5m内，应按设计纵、横断面数据控制。达到路床设计高程后应准确放样路基中心线及两侧边线，并将路基顶设计高程准确测设到中心及两侧桩位上，放样路基高程时应严格控制好虚铺厚度。施工时应按设计中线、宽度、坡度、高程控制并自检，自检合格并报监理工程师确认后，方可进行下道工序施工。

（8）挖方路段

1）清表后，根据坐标法和挖方宽度计算法，放出路基挖方的开口线。

2）路基挖方段应按设计高程及边坡坡度计算并放出上口开槽线。每挖深一步恢复一次中线、边线，并进行高程测设。高程点应布设在两侧护壁处或其他稳定可靠的部位。挖至路床顶1m左右时，高程点应与附合后的高级水准点联测。

3）施工过程中，当挖方段落开挖至第一级平台位置时，根据坐标放样法，放样出第一级平台内侧宽度，根据平台宽度再刷坡。其他平台依次采用同样的方法放样，直至到达路面结构层的设计标高。

4）高边坡的测量放样，根据施工段落桩号，直线段每隔10m（曲线段5m），放样出坡顶和坡脚。

（9）路缘石、边坡与边沟施工测量

路缘石放样时，直线上桩位测设的间距不应大于10m，平曲线上宜为5m；当公路曲线半径和缓和曲线长度小于30m或采用回头曲线时，桩位间距不应大于5m。高程控制桩的间距与上述一致。

边坡与边沟的施工测量应满足以下要求：

1）边坡放样时，应每隔20m在上口线定一点位，计算并放出相应桩号下口线位置，两点之间拉通线定位。

2）边沟放样应每隔20～40m放出边沟中线及上口线，保证线型顺直；至沟底时每隔10m测设一高程桩。

3）锥坡的施工测量应按照曲线设计形式计算坡脚轮廓线的放样数据，并按设计的坡度要求计算长、短半径。锥坡放样一般采用坐标法。

（10）道路土方测量

由于道路施工的特殊性，使得道路施工中土方的计量尤其复杂。道路土方包含填挖方、场内倒运土方、外弃土方、换填土方、清淤土方等，需要对土方工程量进行多次测量统计，为各种土方量的计算提供准确的数据依据。过程中涉及土方边界线确认、填挖换填清淤范围厚度确认等。一般情况下，需要我们准确测量土方平面位置与实际高程，结合软件绘制断面图或计量土方的其他形式图准确计算土方量。因此需要对实际的点位数据准确采集并整理，以便后续准确进行土方量计算。土方数据采集时应符合如下原则：实测的土方数据必须建立在真实的情况下，测量数据应真实反映现场的真实地貌特征，能够明显看出土方分界线。由于土方计算很容易出现不同计算方法、不同采样精度导致土方量计算出现较大方量差值。因此，在选择土方计算方法时，应根据实际情况选择合适的计算方法或者采用多种计算方法校核土方量，以便计算出来的土方量能够更接近真实的土方量。不同土方计算图如图 4-6～图 4-8 所示。

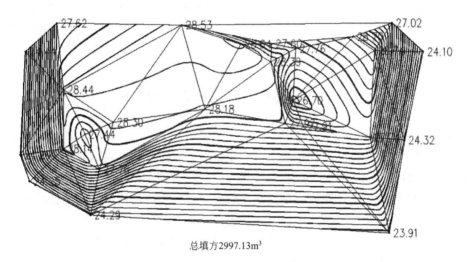

总填方2997.13m³

图 4-6　场内倒运土方量计算（等高线法）

三角网法土石方计算

平均面积＝4144.5m²

最小高程＝19.254m

最大高程＝24.136m

平均标高＝24m

挖方量＝1.1m³

填方量＝14038.0m³

图 4-7　填方方量计算（三角网法）

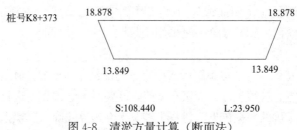

图 4-8　清淤方量计算（断面法）

（11）竣工测量

竣工图是设计总平面图在施工完成后的最终反映。竣工图除了反映实际图纸上体现的内容外，还应该对以下两个方面的内容进行现场实测、重测或补测：

①过程中设计变更但原设计图未体现的部分；

②工程施工中甲方要求增加的施工内容但原设计图并未体现的部分。

因此进行竣工测量时也需要对各变更处进行准确测量。竣工图应完整体现所有施工内容，且保证最终竣工图测量的准确无误。竣工测量也需符合相应竣工测量规范、工程技术规范的要求。测量完成后将测量成果完善至总平面图上，避免施工过程中增加及变更内容的遗漏和丢失。

第三节　工程难点与对策

本工程施工过程中的难点主要包括以下五方面：

（1）由于本工程位于防护林及大棚种植区域，道路东西侧均遍布各种树木，导线布设及加密非常困难，需综合施工便利及导线布设原则合理安排控制点的点位。

（2）本工程地下管线错综复杂，施工时难以保证各种管线的准确埋设位置。

（3）施工过程中注意与相邻标段路线衔接。

（4）本标段地下工程为综合管廊结构，标段内含有两座框架桥，所以需要特别注意各构筑物和道路结构之间的位置关系及衔接。

（5）大路口处避免积水以及等高线的测设也是本工程需要特别注意的难点。

针对以上难点本工程采用如下对策：

（1）控制点沿村庄现有混凝土道路埋设，埋设位置必须满足前后通视，安全易保护，方便加密控制点的测量。

（2）管线施工时应该考虑相邻管线的埋设位置，给相邻管线预留合适的位置。管线施工完后及时记录管线埋设数据，以便于其他管线施工做参考，避免施工过程中管线埋设位置发生冲突。

（3）为保证相邻标段路线的连续性，施工前与施工期间应加强和相邻标段控制点的联测，联测数据平差后报测量监理工程师，经测量监理工程师同意后方可使用。

（4）施工前需要熟读图纸，各结构之间有衔接的位置应特别注意，准确核算地下结构中伸出地面部分的位置及高程。

（5）路口定位时，将路口等高线大致走势放样出来，再局部加密或调整，同时施工各阶段应勤复核。

第五章　高等级公路工程测量

高等级公路，又称高级公路，是指采用高设计要求和高建设标准修建从而拥有高通行能力的公路，包括高速公路、一级公路和二级公路。

公路的主要组成部分有路基、路面、桥梁、涵洞、渡口码头、隧道、绿化、通信、照明、标线等设备及其他沿线设施组成。

本章以某高速公路工程为例，介绍高速公路施工测量基本过程和施工测量主要技术方法与难点。

工程概况包括平面、纵断面设计图纸及区间，工程地质特点，需重点监测的周边重要建、构筑物，以及该区段相关高级控制点情况。

测量准备工作包括控制网复测、施工控制网加密实施、线路设计参数和坐标高程数据复核等。

第一节　实例工程概述

某高速公路土建工程施工 BSTJ-2 合同段，桩号范围：K13＋000～K26＋000，标段长度 13km。主要工程内容包括：路基、路面、桥涵、排水及防护工程等，包括大型桥梁 2 座，中型桥梁 21 座，小型桥梁 9 座，涵洞 10 道。

工程设计情况

（1）路基

主线采用双向四车道高速公路标准，设计速度 100km/h，主线采用 26m 整体式路基，桥涵设计荷载采用公路Ⅰ级。

（2）路面

上面层：4cm AC-16 型中粒式 SBS 改性沥青混凝土

中面层：5cm AC-20 型中粒式 SBS 改性沥青混凝土

下面层：7cm AC-25 型中粒式沥青混凝土

基　层：18cm 水泥稳定级配碎石

底基层：36cm 水泥稳定级配碎石

（3）路基

本标段全线路基填料为风积沙，在路基底面设置砂砾垫层，在路基顶面设置砂砾封层，按照风积沙路基施工工艺执行。

（4）桥梁、涵洞

大型桥梁 2 座，为 K23＋685 红满路分离立交桥，采用 4×25m 先简支后连续混凝土箱梁，及 K16＋821 黄济渠大桥，采用 4×30m 先简支后连续混凝土箱梁；中型桥梁 21 座，小型桥梁 9 座，涵洞 10 道。其中大型桥梁和中型桥梁下部结构设计形式为墩柱＋桩基础形式，上部结构为预制预应力混凝土连续箱梁和预制预应力混凝土空心板梁；小型桥梁设计形式下部结构为桥台＋桩基础形式（扩大基础），上部结构为预制空心板梁；涵洞设计为混凝土盖板涵。

第二节　测量过程、内容与主要技术方法

1. 测量准备工作

（1）人员准备：成立测量小组，测量主管工程师 1 名，测量员 3 名，配合测量工 3 名，各类人员均持证上岗。

（2）仪器设备见表 5-1。

仪器设备表 表 5-1

序号	名称型号	单位	数量	备注
1	中海达 GPS(1＋2)	套	3	施工控制
2	徕卡全站仪	套	1	施工控制
3	日本索佳	套	1	施工放样
4	日本拓普康	套	1	施工放样
5	南方水准仪	套	1	水准高程施工控制
6	双面板尺	把	2	四等水准测量
7	5m 棱镜对中杆	把	1	路基施工放样

（3）接桩、验桩、护桩：对测绘院所交桩位及资料要及时进行复测，将复核结果上报监理单位并保存相应数据资料。当复测结果与资料不符或相差较大时，及时与业主、测绘院、设计单位联系，协商解决，确保点位正确。

（4）测量员认真熟悉学习分项工程图纸，对设计图纸中提交的数据以及相关的几何尺寸进行复核，发现存在不符现象，及时上报有关部门校核、更正。

（5）如果发现误差超出限差或控制点的精度不能满足施工要求时，须及时上报有关部门，此项工作应在开工前完成。

2. 工程控制测量

（1）控制点复测

为确保整个工程测量的准确无误，首先应对测绘院提供的首级控制点用全站仪、水准仪进行复测，并将复测的最后结果交由监理工程师处理。

（2）控制点加密

1）由于工程测量工作的需要，测绘院提供的控制点不能对整个工程实施放样，所以有必要对控制点进行加密。

2）首先应该了解工程现场需要，然后才进行加密导线点的埋设。埋设过程中应选择通视条件良好、交通方便、地基稳定能长期保存的位置，埋设的控制点要便于施工放样，相邻控制点要能够通视，距离不应太近，保证两点间平均边长大于 250m，最大边长不超过 500m。为了便于保护，应该对做好的控制点做明显测量标志及围护等措施，然后根据已知点与新增点的关系进行排名编号，至此，控制点埋设任务基本完成。

（3）导线测量

1）导线测量是工程施工测量工作正常运转的基础，直接影响着工程各结构部位的正

确性与精确性，所以进行高精度的导线测量是工程测量关键的一步。

2）根据工程对导线精度的要求，布设相应的闭合导线或附合导线。一般以四等和一级导线最为常见。近年来随着科学技术的发展，全站仪已经在测量领域普及，给测量工作带来极大方便。它可同时测距、测方位角，也可以进行悬高测量，基线测量，偏置测量，三角高程测量等特殊测量，功能颇多，测量精度高，误差小，使用简便，施测速度快。导线施测多采用全站仪进行观测。其步骤为：①选择导线点，架好仪器，调整仪器使全站仪水泡严格居中（不宜超过 $1''$）；②将仪器调到"常规测量"，瞄准后视导线点，调动微动螺旋使望远镜十字丝对中后视导线点上棱镜，然后置零，平稳均速转动仪器，瞄准前视导线点上棱镜，对中两次，按测量键测量。测量员利用测量专用薄记录好观测值（测站点与后视点、前视点的水平角和水平距离），至此，上半个测回完成，下半个测回，同样将仪器对中后视点上棱镜，纵转望远镜并且逆时钟转动仪器，对准前视测量。记录好数据，至此，一个测回完成。如此循环观测，其操作方法一致。

3）根据要求采用 DJ_2 型全站仪观测四等导线需要 6 个测回，一级导线需要 4 个测回（采用 DJ_1 型，四等导线须 4 个测回，一级导线须 2 个测回），其观测水平角技术要求见表 5-2。

观测水平角技术要求　　　　　　　　　　　　　　　　表 5-2

等级	仪器型号	同一方向值各测回较差（"）	两次照准读数较差（"）	半测回归零差（"）
四等	DJ_2/DJ_1	9/6	4/6	6/8
一级	DJ_2	12	6	12

其测距主要技术要求见表 5-3。

测距主要技术要求　　　　　　　　　　　　　　　　　表 5-3

等级	仪器型号	总测回数	一测回读数较差（mm）	单程各测回较差
四等	DJ_2/DJ_1	6/8	5/10	7/15
一级	DJ_2	4	20	30

4）导线测量其主要技术要求：四等导线测角中误差为 $2.5''$，测距中误差为 10mm，测距中误差不大于 13mm，方位角闭合差 $\pm 5\sqrt{n}$（n 为测站数），相对闭和差不大于 1/35000，测距相对中误差为 1/75000。一级导线其测角中误差为 $5''$，测距中误差为 15mm，相对中误差不大于 1/30000。方位角闭合差为 $\pm 10\sqrt{n}$（n 为测站数），全长相对闭合差不应大于 13mm，当导线全长小于规定 1/3 时，导线全长的绝对闭合差不应大于 13cm。

GPS 导线测量技术要求及测量精度见表 5-4。

GPS 导线测量技术要求表　　　　　　　　　　　　　　表 5-4

级别	固定误差（mm）	比例误差系数（ppm）	最弱相邻点点位中误差（mm）	最弱相邻点点位相对中误差
四等	$\leqslant 5$	$\leqslant 5$	50	$<1/35000$
一级	$\leqslant 5$	$\leqslant 5$	50	$<1/20000$

①观测时长　　60min

②卫星截止角度　　10°

③有效卫星总数　最大为 9 颗　　最少 4 颗

④控制网复测成果使用中海达 HDS2003 随机软件进行数据处理

5）测量员根据记录的测量结果进行整理，然后进行平差操作，四等导线与一级导线

导线点复测记录

表 5-5

点号	观测角(左角)(° ′ ″)	改正后角值(° ′ ″)	坐标方位角(° ′ ″)	边长(m)	坐标增量计算值 Δx(m)	改正数(mm)	Δy(m)	改正数(mm)	改正后的坐标增量 Δx(m)	Δy(m)	坐标 X(m)	Y(m)
B019			275 59 42								××1875.954	××471.57
A017	195 43 33	195 43 32	291 43 14	479.092	177.302	0.001	−445.076	−0.008	177.303	−445.084	××1918.989	××061.775
A018	172 17 06	172 17 05	284 00 19	343.091	83.032	0.001	−332.892	−0.006	83.033	−332.898	××2096.292	××616.690
A019	184 28 37	184 28 36	288 28 55	361.542	114.611	0.001	−342.895	−0.006	114.612	−342.901	××2179.325	××283.793
A020	184 41 53	184 41 52	293 10 47	358.507	141.114	0.001	−329.566	−0.006	141.115	−329.572	××2293.937	××940.892
A021	180 45 32	180 45 31	293 56 18	311.851	126.534	0.001	−285.026	−0.005	126.535	−285.031	××2435.052	××611.320
A022	182 57 15	182 57 14	296 53 32	578.531	261.677	0.002	−515.968	−0.010	261.679	−515.978	××2561.587	××326.288
A023	208 39 39	208 39 38	325 33 10	128.095	105.645	0.000	−72.440	−0.002	105.645	−72.442	××2823.265	××810.311
B022	79 00 24	79 00 23	224 33 33								××2928.911	××737.869
A024	1388 33 59	8	1388 33 51	2560.709	1099.915 −0.007	0.007	−2323.863 0.043	−0.043 0.043			××2818.914	××629.552

辅助计算:

1. 角度闭合差: $f_测=8″$　$f_容=±10\sqrt{n}=±28″$　$f_测<f_容$

2. 坐标增量闭合差: $f_x=-0.007$ m　$f_y=+0.043$m　$f_{xy}=0.044$

相对闭合差 $K=1/58800$

起算坐标: B019:××1875.954　××471.570
A017:××1918.989　××061.775
B022:××2928.911　××737.869
A024:××2818.914　××629.552

结论:合格

须采用严密平差，其平差结果应该满足规定技术要求，否则，不可用作测量施工放样。最后，将导线最终成果表交由监理工程师，由监理工程师签字确认后导线点才可以使用。该标段采用一级导线测量，仪器采用索佳 SET360LK。

本工程导线点复测成果见表 5-5。

（4）水准测量

1）采用双面尺法，双面尺法四等水准测量是在小地区布设高程控制网的常用方法，是在每个测站上安置一次水准仪，但分别在水准尺的黑、红两面刻划上读数，可以测得两次高差，进行测站检核。除此以外，还有其他一系列的检核。

2）采用四等水准测量，为确保整个工程水准测量的准确无误，需对甲方提供的首级水准控制点进行复核并记录好数据，并将数据处理后的最后成果报监理工程师，由监理工程师妥善处理。

3）为了便于保护，水准点尽量与平面控制点保持在同一点上，采用 DS3 型的水准仪和红黑双面尺进行观测，其观测顺序为：后—后—前—前。其主要技术要求：四等水准每千米高差全中误差 10mm，环线闭合差平地为 $\pm 20\sqrt{L}$ mm（L 为往返导线总长，单位km），山地 $\pm 6\sqrt{n}$（n 为测站数），视线长度小于 100m，前后视距较差小于 5m，前后视累积较差小于 10m。偶然中误差小于 5mm，视线离地面最低高差 0.2m。基本分划辅助分划或红黑面读数较差 3mm，基本分划辅助分划或红黑面所测高度较差 5mm。往返观测各一次，采用水准测量专用记录簿记录数据：作业完成后对数据进行检核，然后对数据进行平差，平差结果应符合规范等级标准。

4）对于四等水准测量顺序为：后—前—前—后，其主要技术要求：每千米高差全中误差 6mm，视线长小于 75m（DS1 型为 100m）。偶然中误差小于 3mm，前后视距累积差为 5m，基本划分、辅助划分或红黑面读数较差 2mm（DS1 型为 1mm）。基本划分、辅助划分或红黑面所测高差不得超过 3mm（DS1 型为 1.5mm），环线闭合差不大于 $\pm 12\sqrt{L}$ mm（山地为 $4\sqrt{n}$），红黑面较差在允许范围内可取平均值作为测站高程，三、四等水准的偶然中误差可用以下公式计算：

$$\Delta M = \pm\sqrt{1/4n\left[\Delta\Delta/R\right]}$$

式中　Δ——测段往返高差不符值，mm；

R——测段长，km；

n——测段数；

ΔM——偶然中误差。

5）水准复核施测完毕，将测量成果整理并做相应平差计算，将其成果交付监理工程师，由监理工程师签字确认后，其水准点高程方可生效，可进行下一道工序。

（5）三角高程测量

对测绘院提供的水准点的高程进行水准联测复核，按四等水准测量的技术要求进行，每千米误差不大于 20mm，复核测量水准点采用 DS3 精密自动安平水准仪，复核测量结果报送监理工程师签认（此项工作在外作业时，项目部将请专业监理工程师到场监督及指正）。

水准点加密测量和加密点的初测：加密点埋设好后用 GPS 测量仪器对水准点进行复核并对加密点各点的高程进行初步测量。

测量方法：外业测量时采用精密水准仪，按《工程测量标准》GB50026—2020中水准测量的技术要求和精度指标进行观测。加密点稳固后，开始进行水准点的高程测量。严格按照相关规范的技术要求及指标控制，后前前后的观测顺序，控制前后视距差等可能影响结果的不利因素，并及时进行返测，进行严格检查，保证数据成果的可靠性。并对日期、天气变化等及时做好记录。

利用测绘院提供的高程点为起始高程起算点，将各水准导线点联测，保证闭合差符合规范要求。

外业测量完成并经平差计算后，且计算成果满足规范规定的精度要求时形成文字成果报送驻地办监理工程师签认后再上报总监办。

其主要技术要求见表5-6。

水准测量技术要求表 表5-6

等级	仪器	对向观测较差(mm)	垂直角较差(″)	测回数中丝	最大边长		附合或环线闭和差
					单向	对向	
四等	DJ_2	$\pm35\sqrt{S}$	7″	4	300	500	$\pm20\sqrt{L}$
三等	DJ_1	$\pm45\sqrt{S}$	10″	3		800	$\pm12\sqrt{L}$

本工程水准点复测成果见表5-7。

水准点复测记录 表5-7

点名	路线长度L(km)/测站数N	往测/返测	往返测高差平均值	改正数 $V(h_i/m)$	改正后高差 (h_i/m)	高程(H/m)	点名	备注
B019	120.9	−0.432	−0.4325	0.06627	−0.4325	1037.000	B019	
TP24		−0.533				1036.568	TP24	
	86.8	−0.639	−0.6380	0.04758	−0.6380			
TP25		−0.737				1035.930	TP25	
	111.1	0.907	0.9065	0.06089	0.9065			
TP26		1.006				1036.836	TP26	
	93.2	0.709	0.7095	0.05108	0.7095			
A17		0.810				1037.546	A17	
	131.7	−1.463	−1.4625	0.07219	−1.4625			
TP27		−1.562				1036.083	TP27	
	111.6	−0.367	−0.3675	0.06117	−0.3675			
TP28		−0.468				1035.716	TP28	
	124.5	−0.025	−0.0245	0.06824	−0.0245			
TP29		−0.124				1035.691	TP29	
	111.3	0.455	0.4550	0.06100	0.4550			
A18		0.555				1036.146	A18	
	103.0	0.368	0.3680	0.05645	0.3680			
B020		0.468				1036.514	B020	

续表

点名	路线长度L（km）/测站数 N	往测 返测	往返测高差平均值	改正数 $V(h_i/m)$	改正后高差 (h_i/m)	高程(H/m)	点名	备注
B020	113.1	−0.803 −0.902	−0.8025	0.06199	−0.8025	1036.514	B020	
TP30	127.0	0.400 0.500	0.4000	0.06961	0.4000	1035.712	TP30	
A19	135.2	0.081 0.179	0.0800	0.07410	0.0800	1036.112	A19	
TP31	130.7	−0.167 −0.268	−0.1675	0.07164	−0.1675	1036.192	TP31	
TP32	95.6	0.106 0.206	0.1060	0.05240	0.1060	1036.024	TP32	
A20	129.1	0.652 0.754	0.6530	0.07076	0.6530	1036.130	A20	
TP33	132.6	0.295 0.395	0.2950	0.07268	0.2950	1036.783	TP33	
B021	96.9	1.462 1.561	1.4615	0.05311	1.4615	1037.078	B021	
A21						1038.540	A21	
Σ	1954.3		1.5395					

测量结果：

1. 闭合差＝0.0045。

2. 容许误差：$20\sqrt{8.2}=57$

3. 其他：无

3. 桥梁主体工程施工测量

（1）施工放样的作业准备：

施工放样前应仔细阅读设计图纸，核算放样点坐标数据以及标注尺寸，记录好核算结果，准备好仪器和工具（仪器必须在有效的检定周期内）方可用其放样。

（2）桥梁下部工程放样测量：

1）桩基放样

桩基是桥的基础，也是整个测量放样的开始，必须保证正确无误，首先应根据图纸提供的数据核算桩基坐标，经核对无误后再进行放样。采用DJ2型的全站仪进行放样。先在点A19设站，后视另一导线点A20。后视定向完毕，采用极坐标放样法，定出桩基中心点位置。其主要步骤是：先将计算好的桩位坐标输入仪器，全站仪自动计算出桩位与测站距离 D 与方位角 W，转动仪器直到方位角为 0″，对准棱镜实测距离 D，正号为后退，负号为前进，直到 ΔD 为 2～3mm 才可以确定位置，打木桩埋进 30cm 左右，桩头外露 5cm 左右，然后在木桩头上按上述方法重新施测，定好点后在木桩上打上小钢钉。必要时在周边放出四个护桩。用混凝土加固保护好，便于捶桩中途及孔后检查桩中心位置，并在护桩及桩基护筒设立水准点以便检查成孔后深度。当灌注桩精度要求较高时需建立矩形控制网，其步骤如下：首先运用全站仪极坐标法布设其主轴线，主轴线中误差不超过 5cm，一般如果横主轴线 AB 确定以后，须再测设一条纵轴线 CD 与横主轴线交于 O 点，交角限差在 $90\pm5''$，轴线经测设调整后，再测设方格网。

其技术要求为：平均边长不大于 100m. 量距相对中误差不大于 $1/20000$，导线闭和差 $1/10000$，测回是 2 个测回，测角中误差为 $10''$，多边形方位闭和差 $20\sqrt{n}$。高程闭和差 $10\sqrt{n}$，导线全长小于 200m，其绝对闭和差不大于 20mm。

灌注桩矩形控制网定点不小于 3 个，$\pm10''$ 以内。丈量距离应采用全站仪往返各一次测定。

各灌注桩均在矩形网控制网下，采用内分法测定，桩基放样测量完毕经自检无误后，才可填写报验资料，请监理工程师到现场进行验收，经监理工程师复核无误签字后方可进行下一道工序。

2）承台测量

首先应该仔细阅读图纸，根据图纸设计尺寸计算承台的四个角坐标（或十字线）及水准高程，用全站仪测定出四个点（或十字线）位置，用 DS3 型水准仪测定承台标高。采用直读法，距离在 200m 范围内，其步骤如下：整置水准仪于 A19 点上，使水准仪气泡严格居中，将水平尺置于 TP31 点（后视点）上，立正，瞄准水准尺，读记数据，然后将水准尺立于承台 I_3 点上，根据测量员读数水准尺进行上下调整，直到读数与设计标高相同，用红油漆画上做标志，承台需要在四个角的位置做四次标高测量，以方便施工。施测完毕，当场填好报验资料，请监理工程师复核并签字确认后才可以进行下一道工序（承台浇筑）。

3）墩柱顶测量

在墩柱测量放样之前，除了仔细阅读设计图纸，了解其平面尺寸，还须找出其前进法线方向，并计算纵横轴线（即十字线）坐标。且要仔细的复核墩顶高程，按照桥梁提供的纵断面图，从上往下逐层减去，采用全站仪极坐标法和水准仪中丝读数法确定纵横轴线位置及设计标高。经自检无误后，填好报验资料，交由监理工程师复核确定无误并签字后方可进行下一道工序。

4）盖帽梁测量

放样前校核施工图纸盖帽梁平面尺寸，曲线桥梁应该注意其法线方位角 W，根据提供数据计算盖帽梁轴线的三维坐标，运用全站仪极坐标法放出具体位置，必要时可以在中间加密 2 个点，完成之后经自检无误后交由监理工程师复核，并填好报验资料交由监理工程师签字确认方可进行下一道工序。

5）支座垫石测量

支座是桥梁重要部位之一，它要求的测量精度较高。其三维坐标必须误差保证在 2～3mm 之间，根据施工图提供数据计算支座中心位置坐标及左右前后四个方向的坐标。因为不同墩柱所要求的支座型号并不一样，所以测量员必须认真研读图纸，找出墩柱相对应的支座型号。为方便测量，可以用携带灵活度较高的小棱镜代替进行放样。其高程施测必须先由桥面标高逐层往下减，才能准确确定其标高。水准测量采用中丝直读法，具体操作与承台水准测量相同，必须保证其精度在规范的范围之内。施测完毕，进行复核，确认无误且填好测量资料报验单，交由监理工程师复核并确定无误且签字后，才可以进行下一道工序。

（3）桥梁上部工程放样测量

1）现浇箱梁工程放样

首先按照图纸设计坐标，在地面上放出桥梁左右翼板边缘线，且测定其支架高程提供给相应施工班组。支架搭好以后，在支架上绑好木条枋并在木条枋上测定箱梁底板左右边线的平面位置及水准高程，提供给木工班搭设模板，为保证线行的完美，直线段应每5m测设一个平面控制点，曲线段应每2.5m测设一个平面控制点。在箱梁底板装好后，在测定出中轴线平面控制点并复核其水准高程，经自检无误后，填写好报验资料，交由监理工程师检查验收，经复核无误且签字后，才可以进行下一道工序翼板放样测量。

待翼板底模装好之后，依照箱梁测点密度测定翼板左右边缘对称桩号的平面位置及高程（高程以箱梁顶面高程为准控制），提供给木工班，翼板模安装完毕后应该及时复核其边缘平面位置和高程，如与设计有出入，应及时通知相应施工班组进行调整，确认无误后，填写好测量报验资料，请监理工程师验收检查，确定无误并签字后，方可浇注箱梁混凝土。

2）桥面防撞栏测量

依据检查并确认无误后的曲线要素，计算防撞栏内边缘坐标，为方便施工并保证线型的完美。直线段以每5m测设一对称平面控制点，曲线段以每2.5m测设一对称平面控制点。依据桥面标高控制防撞拦的标高，测设防撞栏标高时，应该在预留的钢筋上抬高10cm测定其高程，以提供给木工班组用砂浆找平防撞栏底部和安装模板，经自检无误后，填写好测量报验资料，请监理工程师检查验收，确认无误且签字后，才可以浇筑防撞栏。

3）桥面铺装层工程测量

在防撞栏上每隔5m测设一对称的平面里程桩号，并测定好水准高程。并将所测点弹好墨线，经自检无误后，填写好测量报验资料及桥面高程复测记录资料，请监理工程师检查验收，确认无误并签字后才能进行桥面铺装层施工。

（4）地下管线施工测量

1）首先应该核对图纸提供的数据，包括电缆井、雨水口、雨水井，管线交叉位置。核查它们的坐标和高程，是否与匝道路面高程、桥梁墩柱平面位置、承台高程是否有冲突。不同种类的管线交叉处高程是否存在冲突。如有冲突问题应及早上报项目部工程部。

2）图纸校核完毕，若无问题，即可测定出各井位及管线转弯处的平面位置，衔接两井位之间的距离较远的应该加密测点以方便施工。并测定其高程，按其深度，依据现场土质情况适当放坡，谨防塌方。开挖管沟完成后，应该每5m测出一个平面点，以防超挖或欠挖，并测出垫层面高程以提供浇注混凝土，混凝土浇筑完毕，应该复核中线点位置，并将中线测点打出墨线，以便校正管道平面位置，施测完毕填写好测量报验资料，请监理工程师验收，经复核无误并签字后，才可以安装管道，浇筑管座混凝土，然后回填夯实。

4. 路基工程测量

公路路基施工测量的基本任务，是根据施工的需要将设计好的线路平面位置测设到地面上，为施工提供各种标志作为按图施工的依据。

（1）路基施工测量工作

首先对施工控制网进行加密，必须遵守"由整体到局部""先控制后碎部"的原则。

（2）路基中线恢复测量

用全站仪将路基中线点的坐标测设到地面上。

（3）纵断面测设

在线路中桩的平面位置确定后，按设计要求计算出各中桩地面的设计高程，并测设出该高程。

中桩平面位置的测设和中桩高程的测设可独立进行，也可用全站仪（测距仪）三角高程测量的方法同时测设。

（4）横断面测设

线路设计的横断面，主要包括路基和边坡。线路施工之前，首先把设计的边坡线与原地面的交点在地面上标定出来，称为边桩放样，其次要把边坡和路基放样出来。横断面测设采用全站仪测设。

（5）边沟放样时，用全站仪按设计要求放样出边沟的宽度和中心线的位置，最好先做成样板架检查，也可每隔 10～20m 在沟内外边缘钉木桩并注明里程及挖深。

（6）路基预压沉降期观测

路堤填筑完成至路面施工之日，中间的间隔时间为路堤的预压沉降期，为观测路堤的沉降，路堤顶部每 20m，在路中心的两侧路肩内缘各设好一固定木桩，埋深 50cm，在接近桥台处，桩距可适当加密，按设计要求定期用水准仪观测水平标高，掌握沉降情况。一般开始时每周观测一次，中间半月观测一次，最后每月观测一次，规定连续两个月观测沉降速度小于 5mm/月，认为路堤稳定，可进行路面基层施工。

为观测位移，另在以上间隔的两侧路堤坡脚外 5m 外设立混凝土标桩，埋深 2m。选择三个不同的固定点，每日定时用经纬仪分别观测各标桩的位移变化，通过以上观测记录的分析，确定沉降完成的日期。

5. 沉降观测测量

（1）布点原则：选择稳定基点，距导线点小于 300m 位置，并有较好通视条件，在承台和墩柱上垂直预埋钢筋或螺丝帽。基点须是由铜质或是不锈钢材料制作。

（2）监测方法与技术要求：为方便施测，观测方法采用全站仪坐标法，各测回均须后视起始方向，其技术要求见表 5-8。

全站仪观测技术要求 表 5-8

精度要求（mm）	最大边长（mm）	测距中误差（mm）	测角中误差（"）	测回数	
				盘左	盘右
±3	700	±2	±1	2	2
±5	1000	±3	±1	3	3

垂直位移观测视线法，照准一次测坐标四次为一测回，其观测技术要求如下：每测站高差中误差为 ±0.15mm，往返附合较差为 $±0.6\sqrt{n}$（n 为测站数）。

（3）监测资料整理

1）依据观测数据评定导线精度；

2）分析观测成果是否符合正常变化规律；

3）重点部位应与其他观测资料进行综合分析；

4）寻找影响位移的相关因素；

5）编写年度观测资料分析报告。

6. 竣工测量

竣工测量是工程施工测量的一项基础性工作，它的目的是评定和分析工程质量，以及作为工程验收的一个基本依据。竣工测量应随着施工的进展，按竣工测量要求积累采集竣工资料。在各分项工程完成之后按照竣工测量要求，及时进行竣工测量，测量精度不小于施工精度。由于受施工现场环境，以及其他各种外在因素影响，所以施工现场并不一定完全按照原设计施工，势必会做出工程变更，竣工测量必须依据已经做好的现状工程进行实测，并做好记录，为绘制工程竣工图作准备。

第三节　工程难点与对策

本工程施工过程中的难点主要包括以下三方面：

（1）本工程范围内地形复杂，高差大，通视条件差，如何解决？

（2）本标段主线长，施工干扰大，如何确保精度？

（3）本标段全线路基填料为风积沙，风积沙如何填筑施工？

针对以上难点，本区间施工过程采用了如下对策：

首先，交桩点全不通视情况下，控制点的加密可采用载波相位差分型 GPS-RTK 双频接收机设备，进行 GPS 测量加密，全站仪复核；交桩点仅有两个点或三个点两两通视情况下，控制点的复核和加密可采用全站仪进行闭合导线测量加密，或采用载波相位差分型 GPS-RTK 双频接收机设备，进行 GPS 测量复核和加密；测量放样过程中，只能使用全站仪测量放样。

其次，采用多种测量手段相结合，加强控制网的定期复核和巡查保护；加强施工测量过程中的检验工作，做到步步有检验；加强内业数据计算的复核工作，确保数据无误；加强仪器设备的日常检查和维护，定期送往有相关仪器校准计量资质的机构部门进行校准标定；建立测量规章制度，严格执行等多项措施保证控制精度。根据现场情况和作业内容的不同要求，确定本标段施工测量基本方案为：GPS 卫星定位测量、全站仪测量和水准仪高程测量，利用这三种测量仪器各自的特点和优势，互为补充，形成有效的测量体系，确保工程测量精度。

最后，风积沙填筑施工工艺流程：上步工序检验合格→测量放线→画方格→拉运土方分层填筑→推土机摊土粗平→分格浇水→平地机整平→压路机碾压→质量检测合格→下步工序施工。

1）测量放线：根据路基设计宽度及标高（两侧各加宽 50cm），直线地段每 20m 一断面（曲线地段每 10m 一断面），用竹竿做边线标记，同时尺量出边桩护桩，以便后续施工，施工过程中注意保护护桩。填筑过程中每填筑三层进行一次中桩、边桩放样，检查路基宽度及中线偏位。

2）风积沙填筑：风积沙的压实主要靠水沉法，在施工过程中，每层最大松铺厚度不得超过 30cm。采用大吨位自卸汽车进行风积沙的运输，根据每层的虚铺厚度、平均宽度和长度，计算每个断面计划所需的材料用量。卸土后采用推土机进行粗平。在粗平过程中，同时进行浇水湿润。浇水符合要求后，采用平地机进行精平，然后采用振动压路机进行风积沙的碾压。

第六章 一般桥梁工程测量

第一节 实例工程概述

某市新建快速路采用高架桥形式，高架桥共计 11 联、总长度 1179.0m，桥梁总面积 28885.5m²，上部结构形式为预制小箱梁，边墩及分联共用墩处设置伸缩缝，其余中墩主梁顶面桥面连续。桥梁下部结构采用"π型"盖梁、墩柱，钻孔灌注桩基础。主线高架桥标准段桥宽 24.5m，预制小箱梁横断面布置 7 片梁，梁距 3.4m。

该高架桥沿现场道路设置 G1、G2、G3、G4、G5、G6 等 6 个控制点，由某市测绘院提供。以上 6 个控制点分别布置在现况道路边缘，由测钉钉入稳定土层内，沉降变形小，满足施工要求。

第二节 测量过程、内容与主要技术方法

测量工作是桥梁工程施工过程中影响工程质量和安全的重要因素，施工测量必须符合相关技术规范要求。在一般桥梁施工过程中，如何保证桥梁工程测量工作的精度与高效，是测量技术人员面临的一个重要问题。测量工作作为桥梁工程施工工作中不可缺少的辅助措施，并贯穿于桥梁工程施工的全过程，为提高测量作业水平，保障作业质量，本节详细阐述桥梁工程测量工作的主要作业流程及作业步骤，并通过实际工作案例对从事桥梁施工工作的测量人员起到一定的指导和帮助作用。

1. 交桩

测量人员进场后由建设单位组织测绘院对施工单位现场交桩，交桩包括平面控制桩和高程控制桩。由施工单位测量人员对现场交桩进行标记、保护，做好交接记录，对丢失或损坏的控制点由测绘院补设。

2. 测量仪器的校验

测量人员要先将测量仪器（全站仪、水准仪、钢尺）送到具有检定资质的单位进行检定，并由检定单位出示检定证书，证书原件交档案室保存，现场携带检定复印件。

3. 导线复测、水准点复测与加密

根据设计控制桩的精度等级要求，编制平面控制桩、高程控制点的施工复测方案报监理工程师审批，严格按照监理工程师审批的方案进行导线、高程控制点的复测，完成后编制复测成果报告书，经监理工程师签字确认后投入工程使用；若复测值与设计不符时，及时与测绘院沟通解决。本工程所用控制点如图 6-1 所示。

（1）测量准备工作

1）用于控制测量的全站仪精度要达到相应控制测量的等级要求，以本工程为例，本

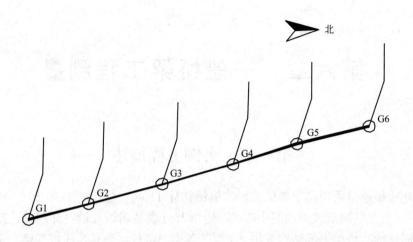

图 6-1 导线示意图

工程使用索佳全站仪测角精度 2″，导线精度要求为一级，高程测量为三等水准测量。

2）测量前已完成对仪器的检定、校准，施测前要检查仪器电池的电量。

3）必须使用与仪器配套的反射棱镜用于测距。

4）测量方法已确定，并完成测量方案的审批；本工程主要采用极坐标法放样。

（2）导线点复测

1）坐标方位角推算

$$\alpha_{前} = \alpha_{后} + \beta_{左} \pm 180° \tag{6-1}$$

$$\alpha_{前} = \alpha_{后} - \beta_{右} \pm 180° \tag{6-2}$$

注：若计算出的方位角大于 360°，则减去 360°；若为负值，则加上 360°。

2）导线复测

本工程采用一级导线测量，精度等级要求方位角闭合差小于 $10\sqrt{n}$（n 为测站数），相对闭合差不大于 1/15000。

①根据交桩记录，选取 G1、G2 两个控制点作为始发点，将全站仪架设在 G2 点上，照准 G1 控制点反射棱镜，将角度设置为 00°00′00″，并做好记录。

②盘左顺时针旋转全站仪，照准待测点 G3 反射棱镜，读取角度数据并记录，测取 G2 与 G3 之间的水平距离。

③将全站仪设置盘右（照准镜旋转 180°），照准待测点 G3 反射棱镜，读取角度数据、距离并记录。

④盘右逆时针旋转照准 G1 反射棱镜，读取角度并记录。

⑤计算盘左读取角度差值与盘右读取角度差值的平均值 β；计算盘左与盘右 G2 与 G3 之间的距离平均值 D。

⑥根据交桩记录 G1、G2 的方位角，利用式 6-1、式 6-2 计算出 G2 与 G3 的方位角。

⑦根据坐标正算式（6-3）、式（6-4），分别计算出 G2 与 G3 的坐标增量，如图 6-2 所示。

$$\Delta X = D \times \cos\beta \tag{6-3}$$

$$\Delta Y = D \times \sin\beta \qquad (6\text{-}4)$$

⑧根据 G2 坐标，以及求得的增量，计算出 G3 的坐标；以此类推，分别计算出 G4、G5、G6 点坐标。

⑨依照以上方法，结合本工程特点，完成导线点的加密，报监理工程师审批。本工程水准点复测成果见表 6-2。

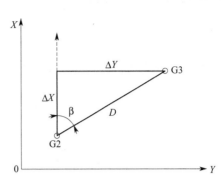

图 6-2　坐标增量计算示意图

（3）高程复测

1）本工程采用三等水准测量，精度等级要求闭合差小于 $12\sqrt{L}$（L 为水准路线长度）。

2）选取 G1、G6 为已知控制点，求得两点间 $\sum h$ 理论高差值 7.380m。

3）将水准仪架设在 G1 与 G6 控制点中间区域，读取 G1 控制点后视读数，通过移动水准尺，读取后视读数，依次测取 G2、G3、G4、G5、G6 读数。

4）利用 $H_{后视点高程}$＋后视点读数＝$H_{前视点高程}$＋前视读数，依次求得 G2、G3、G4、G5、G6 高程，并计算累计后视读数与累计前视读数，求得 $\sum h$ 实测高差值 7.387m。

5）计算 $f_h = \sum h_{测} - (H_{终} - H_{始}) = 7.387\text{m} - 7.380\text{m} = 0.007\text{m}$，$f_{h允} = 12\sqrt{L} = 0.015\text{m}$，符合精度要求。

6）利用公式：（两点之间的水准线路长度）÷（整条附合线路长度）×（闭合差 f_h 相反数），求出每两个控制点的改正数。

7）根据测得的高差与计算出的改正数，计算出修正后的高差。

8）根据已知控制点高程与修正后的高差计算出待求点高程。

依次计算，分别计算出各控制点高程，报监理工程师审批。

本工程导线复测成果及水准点复测成果见表 6-1～表 6-4。

导线复测记录表　　　　表 6-1

点号	左夹角		方位角	距离	坐标增量		改正后增量		坐标		备注
	实测夹角 (°′″)	改后夹角 (°′″)	(°′″)	(m)	ΔX(m)	ΔY(m)	ΔX(m)	ΔY(m)	X(m)	Y(m)	
G2		179°37′01″	343°00′51″						×××740.423	×××451.694	G1
	179°37′06″		342°37′52″	319.980	0.005	0.001	305.395	−95.520	×××992.300	×××374.756	G2
G3		177°18′50″			305.390	−95.521			×××297.695	×××279.236	G3
	177°18′55″		339°56′42″	312.450	0.005		293.509	−107.146			
G4		179°33′34″			293.504	−107.146			×××591.204	×××172.090	G4
	179°33′39″		339°30′16″	276.622	0.004		259.116	−96.855			
G5		183°13′58″			259.112	−96.855			×××850.320	×××075.235	G5
	183°14′03″		342°44′14″	311.815	0.004		297.773	−92.533			
G6					297.769	−92.533			×××148.093	×××982.702	G6

续表

点号	左夹角		方位角	距离	坐标增量		改正后增量		坐标		备注
	实测夹角 (°′″)	改后夹角 (°′″)	(°′″)	(m)	ΔX(m)	ΔY(m)	ΔX(m)	ΔY(m)	X(m)	Y(m)	
			342°44′14″								
				1220.867	1155.775	−392.055	1155.793	−392.054			
Σ	719°43′43″	719°43′23″									

$$f_\beta = \sum\beta + \alpha_{始} - \alpha_{终} - n \times 180$$

$$f_x = \sum\Delta x - (x_{终} - x_{始}) = -0.018$$

$$f_\beta = \pm 20''(合格)$$

$$f_y = \sum\Delta y - (y_{终} - y_{始}) = -0.001$$

$$f_\beta = \pm\sqrt{10} = \pm 20''$$

$$f_{xy} = \sqrt{fx^2 + fy^2} = 0.018$$

$$f_{\beta允} = 10\sqrt{n} \leqslant 20''$$

$$K = \frac{f_d}{\sum d} = 1/67000 \qquad K_允 = 1/15000$$

水准点复测记录　　　　　　　　　　　表 6-2

点号	读数		高差(m)	高差改正数(mm)	改正后高差(m)	高程(m)
	后视	前视				
G6	5.271					47.239
			−0.578	−1	−0.579	
G5	5.903	5.849				46.660
			−0.467	−1	−0.468	
G4	5.763	6.370				46.192
			−0.006		−0.007	
G3	9.313	5.769				46.185
			7.953	−3	7.950	
G2	4.485	1.360				54.135
			0.485	−1	0.484	
G1		4.000				54.619
校核计算	$\sum a = 30.735 \qquad \sum b = 23.348$ $f_{n测} = +7\text{mm}$，改正数：-7mm $f_{h容} = 12\sqrt{L} = 12\sqrt{1.22} = 13\text{mm}$　　结论：符合规范要求，精度合格					

导线成果对比表　　　　　　　　　　　　　　　　　　表 6-3

点号	交桩点		复测点		差值(mm)	
	X(m)	Y(m)	X(m)	Y(m)	X(mm)	Y(mm)
G2	×××992.300	×××374.756	×××992.300	×××374.756	0	0
G3	×××297.697	×××279.233	×××297.695	×××279.236	−2	+3
G4	×××591.208	×××172.093	×××591.204	×××172.090	−4	−3
G5	×××850.323	×××075.238	×××850.320	×××075.235	−3	−3
G6	×××148.093	×××982.702	×××148.093	×××982.702	0	0

高程成果对比表　　　　　　　　　　　　　　　　　　表 6-4

点号	交桩点(m)	复测点(m)	差值(mm)
G2	54.138	54.135	−3
G3	46.183	46.185	2
G4	46.191	46.192	1
G5	46.659	46.660	1
G6	47.239	47.239	0

4. 测量程序的编写

本工程采用索佳全站仪，配合卡西欧 5800P 计算器辅助计算，对工程进行相应数据计算并施测，施测方法采用极坐标法。施工前根据设计单位提供的曲线要素表，见表 6-5、如图 6-3 所示编制适用于本工程的计算程序，运用于施工放样。

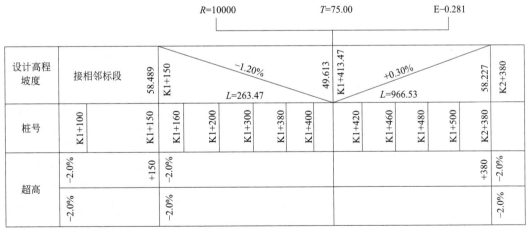

图 6-3　竖曲线要素表

5. 桥梁施工测量流程

桥梁工程施工测量就是将设计图纸上的各部位尺寸和高程测设到实地上。其主要内容包括桩基础、承台、墩柱、盖梁、支座、预制梁的吊装、桥面铺装、防护栏杆、路面层等施工测量。如图 6-4 所示。

表 6-5

路线要素表

单元序号	单元类别	圆曲线要素 半径(m)	转角值 左转(°'")	转角值 右转(°'")	线形单元位置 起点 桩号	起点 坐标 X(m)	起点 坐标 Y(m)	起点 走向方位角(°'")	终点 桩号	终点 坐标 X(m)	终点 坐标 Y(m)	终点 走向方位角(°'")
1	直线	无穷大	—	—	K1+150.000	×××799.552	×××450.622	343°05'17"	K1+504.305	×××138.535	×××347.554	343°05'17"
2	圆曲线	5200	3 39 27	—	K1+504.305	×××138.535	×××347.554	343°05'17"	K1+836.253	×××452.83	×××240.923	339°25'49"
3	直线	无穷大	—	—	K1+836.253	×××452.83	×××240.923	339°25'49"	K2+262.406	×××851.814	×××091.197	339°25'49"
4	圆曲线	3000	—	8 10 40.1	K2+262.406	×××851.814	×××091.197	339°25'49"	K2+690.596	×××262.064	×××969.827	—

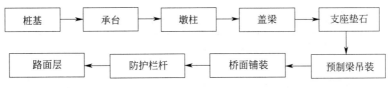

图 6-4 桥梁施工测量流程图

（1）桩基测量

熟悉图纸，本施工段 K1＋190.40～K2＋369.40 总长度 1179m。承台由 0 号墩至 41 号墩（41 号墩由相邻标段施工），其中桩基有 328 根。根据路线要素验算桩基坐标，与设计的桩基坐标进行对比，查看是否有误差，确定无误后方可施工放样，放样误差要满足设计要求。桩基实地放样后还要用钢尺检查相对的尺寸，是否与图纸一致，误差应在允许范围内。桩基坐标见表 6-6。

桩基坐标表　　　　　　　　　　　　　　　　　　　　　　　表 6-6

承台编号	桩基编号	X 坐标(m)	Y 坐标(m)	承台编号	桩基编号	X 坐标(m)	Y 坐标(m)
0 号墩	1	×××838.154	×××444.373	1 号墩	1	×××866.856	×××435.645
	2	×××837.135	×××441.024		2	×××865.838	×××432.297
	3	×××836.117	×××437.675		3	×××864.820	×××428.948
	4	×××835.099	×××434.327		4	×××863.802	×××425.600
	5	×××838.256	×××433.367		5	×××866.959	×××424.640
	6	×××839.275	×××436.715		6	×××867.977	×××427.988
	7	×××840.293	×××440.064		7	×××868.995	×××431.337
	8	×××841.311	×××443.413		8	×××870.013	×××434.685
2 号墩	1	×××895.559	×××426.918	3 号墩	1	×××924.261	×××418.191
	2	×××894.541	×××423.570		2	×××923.243	×××414.843
	3	×××893.522	×××420.221		3	×××922.225	×××411.494
	4	×××892.504	×××416.873		4	×××921.207	×××408.146
	5	×××895.661	×××415.913		5	×××924.364	×××407.185
	6	×××896.680	×××419.261		6	×××925.382	×××410.534
	7	×××897.698	×××422.610		7	×××926.400	×××413.883
	8	×××898.716	×××425.958		8	×××927.419	×××417.231
4 号墩	1	×××952.964	×××409.464	5 号墩	1	×××976.883	×××402.192
	2	×××951.946	×××406.116		2	×××975.865	×××398.843
	3	×××950.928	×××402.767		3	×××974.846	×××395.495
	4	×××949.910	×××399.418		4	×××973.828	×××392.146
	5	×××953.067	×××398.458		5	×××976.986	×××391.186
	6	×××954.085	×××401.807		6	×××978.004	×××394.535
	7	×××955.103	×××405.156		7	×××979.022	×××397.883
	8	×××956.121	×××408.504		8	×××980.040	×××401.232

续表

承台编号	桩基编号	X 坐标(m)	Y 坐标(m)	承台编号	桩基编号	X 坐标(m)	Y 坐标(m)
6 号墩	1	××000.802	××394.919	7 号墩	1	××024.720	××387.647
	2	××999.783	××391.571		2	××023.702	××384.298
	3	××998.765	××388.222		3	××022.684	××380.949
	4	××997.747	××384.873		4	××021.666	××377.601
	5	××000.904	××383.913		5	××024.823	××376.641
	6	××001.923	××387.262		6	××025.841	××379.990
	7	××002.940	××390.611		7	××026.860	××383.338
	8	××003.959	××393.959		8	××027.878	××386.687

本工程采用极坐标法进行桩基、承台、墩柱、盖梁等施工测量，以 0 号墩桩基为例。如图 6-5、表 6-7 所示。

1）将全站仪架设在测站点 G2 上，对中调平后视 G3 点，并测量 G3 点坐标，并与设计坐标核对，准确无误后对桩基进行测量放样。

2）测量放样过程中，施测人照准反射棱镜并测取数据，通过对讲系统指挥持花杆人员移动直至实际桩基坐标位置。

3）放样完成后在桩基中心钉入长度为 50cm，截面尺寸 5cm×5cm 的方木，方木钉入土体不小于 30cm，并确保方木稳固。

4）将反射棱镜放在方木上，精确放样出桩位中心坐标。

5）施测人放样完成后，由测量技术负责人进行复测，并将复测成果交监理工程师复核，准确无误后，采用红黑记号笔做标记以备下道工序使用。

6）桩基放样完成后根据放样的桩基坐标，由测量人员采用十字中心线法对桩位进行栓桩，对像栓桩不小于 2 个，以便及时校验桩位准确性。

7）桩基测量允许偏差：±40mm。

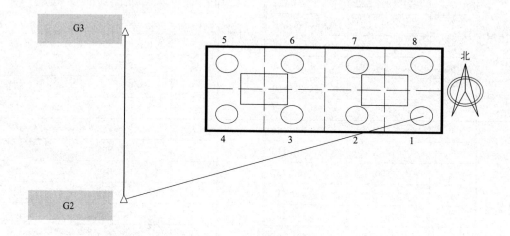

图 6-5　桩基放样示意图

控制点	X	Y
实例子桩基1号放样 表6-7		
G2	×××992.300	×××374.756
G3	×××297.697	×××279.233
0~1号桩基	×××838.154	×××444.373

将全站仪架在G2控制点上，对中调平后视G3控制点。根据控制点G2、G3计算出方位角为342°37′52″。根据0~1号桩基坐标与G2坐标进行反算，计算出方位角为155°41′41″，距离为169.138m。左夹角为：173°03′49″，再测量距离为169.138m。放样完成后进行复测坐标，误差应在设计允许范围内。

（2）承台测量

1）根据承台的平面尺寸，测量放样时需考虑基坑底部的操作空间，承台底部平面尺寸每侧需比承台平面尺寸加大0.5~1m，以便承台施工作业。

2）承台平面位置采用极坐标法放样出承台的中心坐标以及承台的四个角点坐标，钉入方木并进行栓桩。并采用标定过的钢卷尺对放样出的坐标进行校验，量取各边长度及对角线长度，确认无误后报监理工程师复核。

3）承台开挖作业前采用三等水准测量测取原地表标高，根据承台设计底标高以及原地面标高计算出开挖深度，超过2m要按技术要求放坡。测量人员利用水准测量，测取承台底标高以及放样出垫层顶标高，指导施工作业人员进行槽底清除，垫层允许偏差要求为：顶面高程±8mm；轴线偏位小于±20mm。

4）承台基坑开挖完成后，采用极坐标法复测桩位坐标、承台四角坐标及承台中心坐标，并对测量数据予以记录并保存。如图6-6所示。

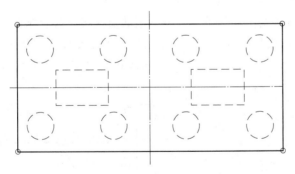

图6-6　承台放样示意图

5）施工人员根据放样的承台四角坐标及中心坐标进行钢筋绑扎与模板架设完成后，再采用极坐标法对承台中心坐标、承台四角坐标以及承台顶部标高进行复核检验。

6）承台允许偏差：轴线位置不大于6mm，高程控制在±8mm以内，校验合格后报监理工程师复核。

（3）墩柱测量

1）墩柱坐标采用极坐标法放样，高程采用水准测量。墩柱放样之前要对墩柱平面尺寸及高程逐一核对，无误后方可进行放样。

2）利用全站仪在承台顶部放样出墩柱中心坐标及四个角点坐标（k1～k8），如图 6-7 所示。利用标定后的钢尺进行墩柱尺寸复核，要求墩柱轴线位置小于 4mm，报监理工程师复核。

3）施工作业人员根据墩柱中心线及四个角点坐标进行墩柱的钢筋绑扎，架设模板，直至墩柱顶面高程，测量人员利用水准测量复核墩柱顶部高程；利用全站仪复核墩柱顶面中心坐标及四个角点坐标。要求墩柱顶部标高测量误差控制在 ±4mm 以内。

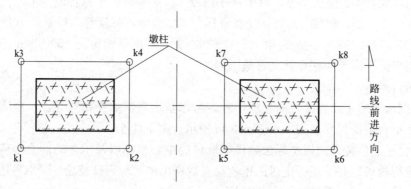

图 6-7　墩柱控制线示意图

（4）盖梁测量

1）本工程中有一部分桥梁在曲线上，盖梁施工时，盖梁要保证与路线前进方向呈 90°，在放线前先计算出盖梁的中心坐标，再根据盖梁的中心线、盖梁的平面尺寸分别计算出盖梁的四个角点坐标；当盖梁位于直线上，直接利用路线要素编制的计算坐标程序计算坐标，放样出盖梁的中心坐标以及盖梁中心线延长线的边线坐标，盖梁轴线位置控制在 4mm 以内。

2）盖梁高程测量采用水准测量，当盖梁钢筋及模板架设完成后，由测量人员利用高程控制点配合标定过的钢尺将高程施测在盖梁顶部，以便校验盖梁标高。标高由地面引入盖梁上如图 6-8 所示，$H_2 = H_1 + a - b + c - d$，然后将水准仪架设在盖梁上，测取盖梁标高。

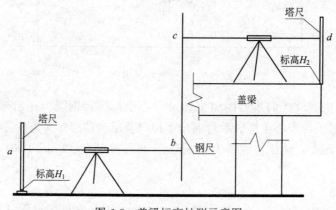

图 6-8　盖梁标高抄测示意图

（5）支座垫石测量

1）支座垫石与盖梁分开浇筑。支座垫石根据平面尺寸采用极坐标法放样出支座垫石的中心位置及四个角点坐标，并采用标定钢尺量取支座垫石之间间距进行复核。如图 6-9所示。

2）由于本桥是预应力预制小箱梁，受张拉力的影响，箱梁变形会起一定的弧度（变高 2～3cm），高程放样时需加以考虑。要求支座垫石顶标高控制在±2mm 以内。

3）支座垫石平面位置与高程施测结束后报监理工程师复核。

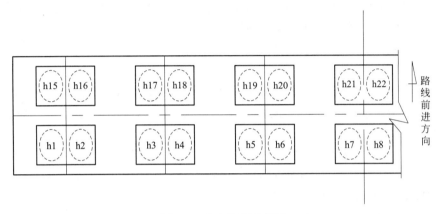

图 6-9　支座垫石示意图

（6）预制梁吊装

1）预制梁吊装前，在预制梁两端弹出预制梁中心线。

2）测量人员根据支座垫石的平面位置及坐标，在支座垫石上弹出纵向、横向中心线以便信号工指挥预制梁吊装准确就位。

3）预制梁安装要求支座中心位置偏差控制在 2mm 以内。

（7）桥面铺装测量

1）本工程桥面铺装厚度 10cm，箱梁吊装完成后，测量人员对每一片箱梁进行高程复测。如图 6-10 所示。

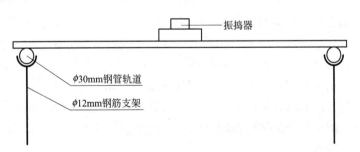

图 6-10　桥面铺装振捣器示意图

2）根据复测的标高与设计高程对比，根据对比差值进行标高的调整。调整标高时要纵坡平顺保证行车安全；横坡排水通畅，不得积水。

3）施工作业人员将桥面铺装钢筋网片绑扎完成后，由测量人员每 5～10m 一个断面复测桥面铺装厚度，并记录数据，指导施工作业人员施工。

4）桥面铺装浇筑时，先把标高抄测在固定的轨道上，轨道支架间距 5～10m。

第三节　工程难点及对策

本工程路线较长，全线均为高架桥施工，测绘院提供的交桩点沿着现况道路布置，且控制点全部位于新建桥梁的西侧，高差较大，通视条件较差，如何加密布局控制点以及确保控制点精度是本工程中桥梁施测难点之一。

针对控制网的加密，本工程制定了如下对策以保证加密控制网的精度：建立健全测量规章制度，明确测量小组内的人员分工及职责；加强控制点的复核、巡查；加强过程中的检验复核；定期进行仪器的校核与检验，确保仪器的精度。

1．组织分工

将测量小队分为两个测量小组，分别由测量队长及副队长带领两个测量小组，组员配置 2～3 人；两个测量小组实行交叉检验、交叉复核的方法，保证施工放样的准确与精度。

2．测量仪器

两个工作小组分别配备经过标定的不同型号、精度要求相同的全站仪、配套棱镜、水准仪、水准尺以及其他标定过的测量用具；分别编制相应的测量放样程序，相互进行核对验算，确保计算数据的准确性。

3．控制点加密、闭合

（1）测量队长及副队长根据现场实际情况选定加密控制点位置，加密控制点与控制点之间的夹角尽量保持在 60°为宜。选点结束按照要求埋设控制点。

（2）第一小组采用极坐标法对加密控制点进行测量。首先将全站仪架设在已知控制点 1 号点上精平。其次利用方向观测法测取角度，将仪器照准已知控制点 2 号点棱镜，配置好度盘，读取数据，并测取两点之间的水平距离；再次纵转望远镜，读取并记录角度，逆时针旋转照准部，照准已知控制点 2 号点棱镜，读取角度读数并记录，将上半测回与下半测回测取的角度进行平均。距离观测时，测线保持高出地面线和离开障碍物 1.3m 以上，减少折光影响，视线避免通过发热体和电磁干扰的地方，离开高压线 5m 以外。极坐标法进行控制点加密分别安排不同人员重新架设仪器进行测取 2～3 个回合进行数据分析整理，确保加密控制点的准确与精度要求。第二个小组采用后方交会法进行控制点及加密点进行测量，将仪器架设在加密控制点上进行对中、精平，旋转照准部照准已知控制点 1 号点，输入 1 号点数据，旋转照准部照准已知控制点 2 号点，输入 2 号点数据并确认，仪器进行自行计算，将结果记录在记录本上。后方交会法进行控制点加密安排不同人员进行 2～3 次分别施测，将每次测取的数据进行评差。将两组人员，极坐标法及后方交会法测取的数据进行对比评差，确定最终的加密控制点数据，数据不符合规范及施工要求时，重新进行数据测取直至符合要求。

（3）两组人员分别利用不同的仪器进行高程控制点的复核，一组由起点向终点进行复核，另一组由终点向起点复核，施测完成后分别进行评差，两组人员评差完成后将评差后的结果进行核对，确定每个控制点的数据、在进行高程控制点的复核时，将相邻标段控制点一并列入复核对象，确保控制点的准确。若两个小组测取的数据偏差较大，需重新进行复核校对，直至符合规范及施工要求。

4. 数据收集、调整

由两组测量人员分别计算的数据进行记录，并将两组数据进行对比，不满足规范要求时再次进行附合测量，直至满足规范要求。本工程导线采用一级导线测量，相对闭合差小于 1/15000；高程采用三等水准测量，闭合差控制在 $\pm12\sqrt{L} = \pm15\text{mm}$。

5. 控制网的复测

测量队分两个小组分别每周对平面控制点及高程控制点进行复测不少于一次，及时根据复测的数据进行控制点的适当调整，确保控制点数据的精度要求。当桩基施工临近控制点或其他外部因素可能对控制点造成影响时需加密复核频率，保证控制点的精度要求。

第七章　复杂结构桥梁工程测量

本章主要讨论复杂结构桥梁施工阶段的测量工作，以某市某特大异形钢结构桥梁工程为例，如图 7-1 所示，介绍复杂结构桥梁施工测量的基本过程和施工测量的主要技术方法及工程中的难点。

图 7-1　某特大异形钢结构桥梁

第一节　实例工程概述

某市某特大桥是一座全钢结构双塔斜拉钢结构桥梁（桥梁结构示意图如图 7-2 所示）。该特大桥全桥长度为 639m，桥梁标准宽度为 47m，桥梁面积为 31174m^2。主桥由 6 号墩至 11 号墩共 5 孔，孔径由西向东长度分别为北侧 50m＋133m＋280m＋120m＋56m＝639m，南侧 50m＋158.1m＋280m＋94.9m＋56m＝639m，该特大桥各主要部位尺寸如图 7-2 所示。主桥采用全钢结构的高低双塔结构造型，塔柱根部设有双向拱形门洞供行人及非机动车通行，高塔在桥面以上最大高度为 113.93m，整塔倾斜角南、北侧分别为 71.8°、62.00°，由 31 段钢塔节段焊接构成；矮塔在桥面以上最大高度为 66.09m，整塔倾斜角南、北侧分别为 59.00°、74.70°，由 21 段钢塔节段焊接构成。

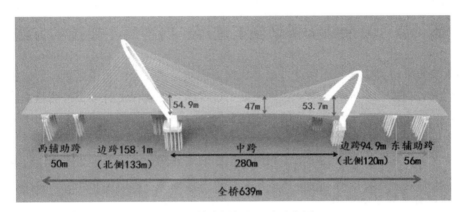

图 7-2　特大桥各段尺寸示意图

　　该特大桥桥梁结构形式复杂、节点构造错综复杂、加工制作精度要求高，且用钢量达到 4.3 万 t，不仅对施工单位的加工制作水平、运输吊装能力以及焊接技术等提出了很高的要求，同时也对施工过程中测量精度的控制提出了更高的要求。

　　特大桥横跨××河，施工现场周边共有 G1、G2、G3、G4、G5、G6 六个控制点，由某市测绘院提供，具体分布情况如图 7-3 所示（注1）。控制点分布在××河东、西两岸各分布三个，西岸从北自南分别为 G1、G2、G3，三点均布设在沥青路面，距路缘石 50cm，采用测钉钉入；东岸从北自南分别为 G5、G6、G4，G6、G4 布设在沥青路面，距路缘石 50cm，采用测钉钉入，G5 布设在道路外侧步道上，采用测钉钉入于步道砖缝之间。以上六个控制点均位于较为稳定的地面上，控制点附近无不良地质情况，发生位移及沉陷情况可能性较小。

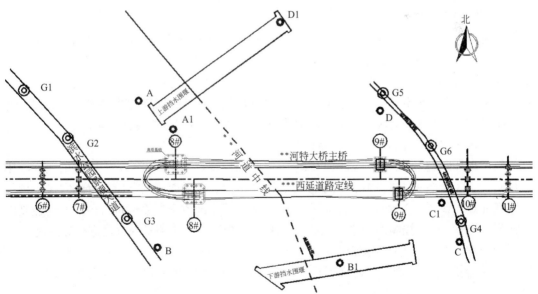

图 7-3　控制网点位图

　　注：1. 图中 G1、G2、G3、G4、G5、G6 为某市测绘院提供的控制点位置图。

　　　　2. 图中编号 A、B、C、D、A1、B1、C1、D1 为桥区内控专用控制点。

第二节　复杂结构桥梁施工过程、内容与主要技术方法

测量工作是桥梁工程施工建设过程中影响工程质量和安全的重中之重，所以施工测量精度必须符合相关技术规范要求。在桥梁施工过程中，如何保证桥梁工程测量工作的精准与高效，是摆在测量技术人员面前的一个重要问题。测量工作作为桥梁工程施工工作中不可缺少的辅助措施，并贯穿于桥梁工程施工的全过程，因此，为切实提高测量作业水平，保障作业质量，本节通过阐述桥梁工程测量工作的主要作业流程及作业步骤，以及通过实际工作案例对从事复杂结构桥梁施工工作的测量人员起到一定的指导和帮助作用。

1. 桥梁施工测量流程图

桥梁工程施工测量就是将设计图纸上的各部位尺寸和高程测设到实地上。其内容主要包括桩基、承台与墩、台身施工测量，以及塔梁钢节段钢等上部结构安装定位，桥梁工程测量工艺流程图如图 7-4 所示。

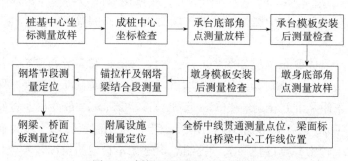

图 7-4　桥梁工程测量工艺流程图

2. 施工控制网布设及精度分析

控制网布设是开展桥梁工程测量工作的第一步，同时也是保障工程完美体现设计者意图的最关键的作业环节之一。根据设计文件要求，本工程施工控制网精度应满足四等导线及二等水准控制网精度要求。经现场对控制网进行复测后，结果表明，某市测绘院提供的六个控制点分布密度不满足本工程设计要求。为此，项目测量团队根据现有控制网及《工程测量标准》GB 50026—2020 技术规范，建立符合设计精度要求的桥区内控专用控制网。

（1）桥区内控专用控制网点位布设

经过现场踏勘，从测绘院提供的六个一级平面控制点 G1、G2、G3、G4、G5、G6 中引用 G2、G3 和 G5、G6 为控制网基准边，另外布设 8 个平面控制点作为桥区内控专用控制网基准点，如图 7-3 所示（注2），并同时校准到某市地方坐标系。桥区内控专用控制网8 个基准点作为独立控制网测量完成后，采用 0.5″ 全站仪导线测量的方法进行导线复核。

（2）桥区内控专用控制点点位制作

1）控制网选点原则。一是视野开阔，避开永久性障碍物，有利于后视观测；二是基础稳固的混凝土构筑物或稳固的原状土地面，防止点位下沉平移。

2）平面控制网点位基础制作

本工程内控专用控制点采用强制对中控制点，本工程中控制点台体共采用两种：一种是 $1.5m \times 1.5m \times 1.0m$ 的长方体台体；一种是底层结构为 $1.0m \times 1.0m \times 0.30m$，面层

结构为 0.4m×0.4m×0.3m 的台体（图 7-5）；控制点钢管内采用 C30 混凝土浇筑饱满，管顶处预埋强制对中不锈钢基座（图 7-6），并调整强制对中基座，使其保持相对水平。平面控制网点埋设浇筑后，及时遮盖、养护。经凝固、稳定 28d 后，开始观测。确保控制网点位位置、高程的稳定、牢固，并对四周进行防护，做好标识。

图 7-5　平面控制网点基础

图 7-6　控制点强制对中不锈钢基座

3）桥区内控专用控制网测量

首级施工控制网的测量宜采用目前精度等级最高的测绘仪器，且具有自动测量和数据记录功能，具有等级测量软件，能根据技术要求设置限差要求并自动判断是否超限，野外测量成果能自动计算到用于平差计算的数据。

①仪器设备

测量仪器采用经过检定的 0.5″ 级精度的徕卡某款全站仪（测距精度：0.6mm＋1ppm×D），0.5″ 级是目前全站仪精度等级最高的级别，该款全站仪不仅具有自动测量和数据记录的功能，而且具有等级测量软件，能够根据技术要求设置先查并自动判断测量是否超限，野外测量成果能自动计算到用于平差计算的数据。

②测量技术要求

平面控制网的测量采用平高同测法，即在现场需要用全站仪测量各个控制点间的点间距，同时也要测量各个控制点间的水平角和垂直角，用于整体三维数据（X、Y、Z）的平差计算。本次桥梁施工控制测量工作严格按照以下三点要求开展工作：

一是距离测量技术要求：

本项目距离测量采用多次往返测，主要测量技术指标见表 7-1。

距离测量各项指标要求　　　　　　　　　　　　　　　　　　　表 7-1

测回数	一测回读数较差	各测回较差	往返测较差
4	＜3mm	＜4mm	＜6mm

此外，距离测量时应该读取现场的温度和气压，用于计算距离的球气差改正，气温读数精确到 0.1℃，气压读数精确到 0.1mbar。

二是角度测量技术要求：

本项目水平角观测拟采用全圆观测法测量，主要测量技术指标见表 7-2。

水平角测量各项指标要求　　　　　　　　　　　　　　　　　表 7-2

测回数	一测回归零差	各测回较差	同一方向各测回较差	三角形最大闭合差
4	<2″	<2″	<3″	<3″

垂直角观测在水平角观测完成后单独测量，仪器和觇牌高度在测量前和测量完成后各测量一次，精确到 1mm，取其平均值作为最终的仪器高和觇牌高。垂直角测量主要技术指标见表 7-3。

垂直角测量各项指标要求　　　　　　　　　　　　　　　　　表 7-3

测回数	指标差较差	测回较差	对向观测高差较差
3	<3″	<3″	$<20\sqrt{D}$ mm

三是观测条件要求：

观测时段宜选择阴天无雾霾，无热浪、无大气抖动，温差变化小的时段，能见度达到 10km 以上为宜。

4）桥区内控专用控制网平差报告

①平面控制网等级：国家四等。

②控制网中最大误差情况

最大点位误差＝0.0007m

最大点间误差＝0.0008m

最大边长比例误差＝26115

平面网验后单位权中误差＝0.18s

③方向观测成果表

本次全站仪观共测 8 个位置点，所有点位观测的方向值及各水平方向观测值改正数见表 7-4。

控制网全站仪方向观测值平差后成果表　　　　　　　　　　　表 7-4

测站	照准	方向值(dms)	改正数(S)	平差后值(dms)
G2	G3	0	/	/
G2	A	300.154562	2.19	300.154781
A	G2	0	/	/
A	B	271.491975	1.95	271.492170
B	A	0	/	/
B	B1	97.333062	0.08	97.333070
B1	B	0	/	/
B1	D1	70.583261	−0.79	70.583182

续表

测站	照准	方向值(dms)	改正数(S)	平差后值(dms)
D1	B1	0	/	/
D1	A1	54.473000	2.52	54.473252
A1	D1	0	/	/
A1	D	39.181887	1.47	39.182034
D	A1	0	/	/
D	C1	250.570699	1.2	250.570819
C1	D	0	/	/
C1	转点	291.242549	−1.03	291.242446
转点	C1	0	/	/
转点	G5	278.185549	−0.79	278.185470
G5	转点	0	/	/
G5	G6	318.122112	1.88	318.122300

④距离观测成果表

依据上文方向观测方法，所有观测值平差前及平差后的所有边长的实际观测值及改正数、改正后观测值见表7-5。

控制网所有边长观测值平差后成果表　　表7-5

测站	照准	距离(m)	改正数(m)	平差后值(m)	方位角(dms)
G2	G3	137.7995	−0.0023	137.7972	143.251869
G2	A	124.9932	−0.0009	124.9923	83.410650
A	B	205.2384	0.0002	205.2386	175.302813
B	B1	257.4310	−0.0009	257.4301	93.035889
B1	D1	353.8266	0.0000	353.8266	344.023071
D1	A1	205.3371	0.0005	205.3379	218.500323
A1	D1	271.2749	−0.0010	271.2739	78.082357
D1	C1	243.0100	−0.0002	243.0098	149.053176
C1	转点	166.5518	0.0010	166.5528	260.2956
转点	G5	298.0705	−0.0003	298.0702	358.485092
G5	G6	133.5844	−0.0095	133.5749	137.011392

⑤平面点位误差表

控制网平面点位长轴、短轴、长轴方位角、点位中误差等平差结果见表7-6。

平面点位误差表　　表7-6

点名	长轴(m)	短轴(m)	长轴方位角(dms)	点位中误差(m)
A	0.0048	0.0035	86.062543	0.005900
B	0.0084	0.0054	75.071255	0.010000

点名	长轴(m)	短轴(m)	长轴方位角(dms)	点位中误差(m)
B1	0.0127	0.0064	38.530887	0.014300
D1	0.0120	0.0087	79.333591	0.014900
A1	0.0112	0.0081	22.511068	0.013800
D	0.0091	0.0074	91.124070	0.011700
C1	0.0110	0.0062	46.140600	0.012600
转点	0.0090	0.0048	86.035475	0.010200

⑥控制点成果表

本工程内控专用控制网各控制点坐标成果表见表7-7。

控制网各点平面坐标成果表　　　　　　　　　　　　　表7-7

点名	X(m)	Y(m)	H(m)	
G3	××409.6280	××180.6190		已知点
G2	××568.4680	××062.7480		已知点
A	××582.2162	××186.9819		
B	××377.6080	××203.0567		
B1	××363.8374	××460.1182		
D1	××704.0285	××362.8390		
A1	××544.0778	××234.0779		
D	××599.8308	××499.5607		
C1	××391.3298	××624.3848		
转点	××391.3298	××460.1167		
G5	××661.8440	××453.9480		已知点
G6	××520.2250	××585.9150		已知点

3. 基础施工测量放样

基础工程的施工也就标志着该工程施工的开始，基础施工测量是施工前的测量工作，同时也是整个工程测量工作的重点。本桥梁工程基础施工放样工作主要是指桩基的施工放样，主要作业步骤如下：

（1）首先要根据控制网平差结果及设计单位提供的中线桩曲线要素进行复测，然后根据墩台里程桩号及相关尺寸进行桩基中心坐标计算，坐标计算成果要由两位专业技术人员核验无误后报测量监理工程师审批，审批合格后的坐标成果方可用于测量施工。

（2）点位放样采用全站仪或RTK，使用RTK时至少选用3个以上平面控制点进行点校正。

（3）桩基放样前，准备好木桩和小钢钉，当桩位中心点坐标放样位置确定后，要打上木桩，并确保木桩稳固，并在木桩顶面精确放样出桩位中心点坐标位置，并钉上小钢钉。桩位中心坐标点放样完毕后，应用钢尺对现场实际放样的桩位点进行各放样桩位点的点间距进行复核，确定无误后从每根桩位点中心位置量出两个以上距离相同的保护桩，以便随时校核桩位位置的准确性。

（4）桩基护筒埋设完成后应对位置进行复测，并对护筒标高进行测量，测量合格后，经测量监理人员确认后以书面方式进行技术交底，交予现场技术人员，方能进行桩基的下道施工工序。

4. 承台测量放样

承台的测量工作主要利用水准仪测出桩基顶面高程，利用全站仪测定成桩中心坐标、测设承台四个角点坐标以及承台顶面高程等。主要作业步骤如下：

（1）承台基坑开挖前要在原地面测出高程控制点的实际高程，在与设计高程计算确定基坑开挖深度，当基坑开挖到位后，使用水准仪测出桩基顶面高程，以确定钻孔灌注桩桩头高程位置。

（2）剔除桩头后，要对每根成桩的中心位置再进行一次测量，检查成桩中心位置与设计的中心位置是否满足要求的限差，并做好原始数据记录。

（3）宜使用极坐标法测量承台底 4 个角点或测量承台底十字中心线控制点。测量完毕后用钢尺丈量各点间的距离及对角线距离，确认准确无误后，经测量监理人员确认后以书面方式进行技术交底交予现场技术人员，方可进行下道工序施工。

（4）承台模板立模后，及时对承台模板进行检查，采用全站仪极坐标法测放承台十字中心线或各承台角点控制点，采用棱镜支架杆，平面误差控制在设计及相关技术规范要求以内，用红油漆在模板上做标志点，应拉线检查模板各部位几何尺寸，同时测出承台顶面高程，并要在模板上标出承台混凝土顶面高程。高程误差控制在设计及相关技术规范要求以内，确认准确无误后，经测量监理人员确认后再以书面方式进行技术交底，交予现场技术人员，再进行下道施工工序。

5. 墩柱测量放样

墩柱施工放样主要是利用全站仪极坐标法、水准仪等将墩柱十字线平面坐标、墩柱顶高程等部位的数据，依据施工进度放样到实地，以实现高精度的控制施工质量。主要作业步骤如下：

（1）墩柱施工前要依据控制网平差结果重新核算墩柱十字线的坐标数据，复核设计单位给出的墩柱顶高程、垫石厚度、支座厚度、承压板底面高程的数据。

（2）利用全站仪极坐标法在承台顶面放样出墩柱的底部角点或十字中线控制点，且施工过程中待模板固定后需要使用全站仪测量模板顶口平面位置，其平面测量误差应满足设计及相关技术规范要求。

（3）利用水准仪放样出墩柱顶面高程，当施工条件不允许时可以采用三角高程测量，但精度应满足设计及相关技术规范要求。此外，利用水准仪进行墩柱高程放样时应采用两个高程基准点，作为起点和闭合点，且闭合差必须满足相应测量规范的要求。

（4）施工放样测量工作完成后，经测量监理人员确认再以书面方式进行技术交底交予现场技术人员。

6. 支座垫石测量放样

支座垫石测量放样工作与墩柱测量放样工作类似，同样也是采用全站仪极坐标法、水准仪等将支座垫石的角点位置、顶面高程依据施工进度放样到实地，以实现高精度控制工程质量。主要作业步骤如下：

（1）依据测绘院提供的控制点及水准点进行重新复测，每次作业前需要与附近的平面及高程控制点进行联测，复测结果误差在允许误差范围内，再开展施工放样工作。

（2）利用全站仪极坐标法在实地放样出支座垫石的平面位置，平面测量限差要满足设计及相关技术规范要求。同时，要利用全站仪或钢尺定期复核相邻支座垫石的间距。

（3）利用精密水准仪放样出支座垫石的顶部高程，其平整度相对误差控制在设计及相关技术文件要求的精度范围内，施工放样前必须与两个高程基准点进行联测，高程闭合差在允许限差范围内再进行施工放样。

（4）施工测量放样工作完成后，经测量监理人员确认后以书面方式进行技术交底交予现场技术人员。

7. 塔梁钢节段安装测量

塔梁钢节段的安装是该桥梁施工最重要的环节，也是桥梁施工的难点。塔梁钢节段的安装测量主要为各项结构构件安装提供高精度的平面坐标位置及高程信息。钢结构桥梁上部结构主要由锚拉杆、承压板、塔节段、梁节段、大横梁、桥面板、悬臂板、钢拉索、伸缩缝等结构构件组成。在架设不同构件时，必须使用经鉴定、校准合格的仪器设备。构件定位的位置和高程必须与技术规范及设计要求相符合。钢结构构件安装设计允许误差见表 7-8。

钢结构构件安装设计允许误差锚拉杆安装测量　　　　　　表 7-8

项目	锚拉杆安装测量		允许误差（mm）
锚拉杆	平面允许误差		$\sqrt{x^2+y^2}\leqslant5$
	标高 H		$-2,+10$
	铅锤度		5
承压板	平整度		±5
塔节段	接点错边量		$\leqslant2$
	轴线偏离度	顺桥向	$\leqslant L/1000$
		横桥向	
梁节段/桥面板	标高	梁节段特征点	±5
	平面位置	基线特征点	$\sqrt{x^2+y^2}\leqslant5$
伸缩缝	标高		±5
	平面位置		$\sqrt{x^2+y^2}\leqslant5$

注：1. L 为节段轴线长度。

2. 梁节段特征点为：梁节段外侧竖向腹板与桥面板交点内退 10cm。

3. 基线特征点为：梁节段加工基线顶端内退 10cm。

4. 伸缩缝为后装法施工。

为满足钢结构节段定位精度高的要求，采用了该工程施工时市场提供的高精度测量仪设备见表 7-9。

高精度仪器设备　　　　　　表 7-9

序号	仪器设备名称	仪器设备示意图	参数与用途
1	钢盘尺/钢尺		检验精度：1.0mm
			用途：用于构件尺寸检测及板边错边量检测
2	数字水准仪		检验精度：0.4mm/km
			用途：用于高程测量及控制网复核
3	自动安平水准仪		检验精度：0.7mm/km
			用途：用于测量常规高程值

续表

序号	仪器设备名称	仪器设备示意图	参数与用途
4	全站仪		检验精度:测角 0.5,测距/(0.8+1D)mm
			用途:控制网导线复测、坐标放样、构件定位
5	RTK 接收机		检验精度:5mm+0.5ppm
			用途:跨河平面、高程测量、坐标放样
6	激光垂准仪		检验精度:1/100000
			用途:铅锤点位置传递

注:表中仪器设备操作方法参考设备厂家使用说明书及售后培训,本书不做讲解。

（1）塔梁结合段安装定位

1）节段姿态调整

在钢塔节段承压板外侧四边中点位置安装 4 个激光垂准仪,用于控制节段的平面位置精确就位,钢塔节段卸车后,利用枕木、水准仪,通过起重机的卸载和负载将节段调整至相对水平状态。其水平度满足本工程中构件相邻角点间高差不大于 20mm 的吊装姿态要求。

2）平面位置精确定位

将钢塔节段承压板外侧四边中点平面坐标放样在基座顶面并做好标记,基座坐标点与承压板上安装的激光器垂直红外线坐标点相同;塔节段吊装至锚拉杆上方 100mm 处,观察起重机负载,并使起重机相对静止激光器点位和基座顶相应点位进行精确对位,同时使 4 个激光器精确对位完成。观察钢塔节段下部承压板板孔与基座提前预埋完成的 85 根高强锚拉杆进行位置初步匹配,然后逐一检查每个承压板孔与锚杆的对位情况,确认全部对位准确后再进行下落。并运用调整装置控制塔梁结合段对位精度不大于±5mm。

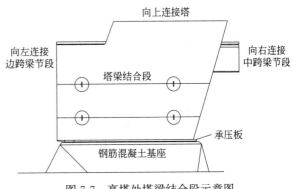

图 7-7　高塔处塔梁结合段示意图

3）塔梁结合段高程控制

将电子水准仪架设在该节段上,观测水准尺。水准尺测点:水准尺垂直立于节段外侧腹板与主腹板的四处交点的顶面位置,及节段重心顶点位置;分析采集的数据、计算与设计差值,差值应不大于±5mm。高塔处塔梁结合段如图 7-7 所示。

（2）钢梁节段安装就位

1）河底钢梁临时支架施工测量顺序

临时桩基放样施工→临时承台放样施工（含基础内预埋地脚螺栓,平面位置精度≤±5mm、高程精度≤20mm）→立柱钢管吊装就位→顶部横向分配梁安装→钢垫块安装。钢箱梁支墩纵断面示意图如图 7-8 所示、钢箱梁支墩构造示意图如图 7-9 所示。

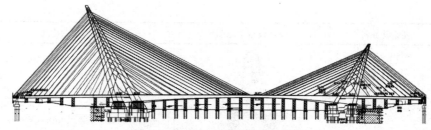

图 7-8　钢箱梁支墩纵断面示意图

2）钢梁节段精准安装测量

平面位置数据采集运用全站仪俯视法，将高精度全站仪架设在稳固且视野开阔的塔梁结合段，采用三点后方交会法，后视强制对中基座棱镜，后方交会法，后视长边控制短边，有利于提高控制精度，本工程中各后视点的后视边长度均在 200m 以上，后视边夹角在 45°～125°之间，前视点最长距离在 25m 以内。前视点，钢梁节段平面控制点为预拼装基线特征点，钢梁节段平面特征点如图 7-10 所示。

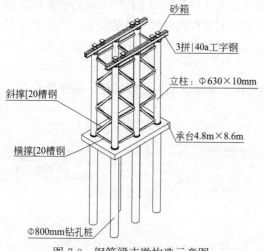

图 7-9　钢箱梁支墩构造示意图

图 7-10　钢梁节段平面特征点、高程点点位示意图

注：1. 图中圆圈点位为水平控制点点位，节段外侧向
内 10cm 有利于反射片架设。

2. 图中方框为高程控制点点位，前视点为外侧
腹板与面板垂直交点向内进 10mm。

3）钢梁节段高程复核

采用闭合线路水准测量。将高程点传递至塔梁结合段有利于观测的塔根部，做好标识并加以保护。架设好水准仪后视已知高程点，前视点为外侧腹板与面板垂直交点向内进 10mm，高程点点位如图 7-10 所示。高程点数据采集方法：采集的特征点为钢桥面具有代表性的位置，数据采集时应减少水准尺底面与钢梁节段面的接触面积并保证水准尺绝对垂直，宜采用 ϕ2cm 圆柱形弧顶铜螺帽代替尺垫。

4）钢塔节段精确就位

将全站仪架设再强制对中基座点上，后视第二强制对中基座点

图 7-11　双棱镜现场照片

棱镜，采用第三强制对中基座点棱镜复核，保证设站精度。前视点为钢塔节段特征点，采用特殊双棱镜（图 7-11）观测。测量完一处特征点数据进行一次后视复核。

①特征点点位为钢塔节段最外侧腹板的相切面内角点；

②双棱镜如图 7-12 所示数据采集及计算方法。

双棱镜计算公式：

$$(X,Y,Z)_{精}=[(X,Y,Z)_{P2}-(X,Y,Z)_{P1}](L_1+L_2)/L_1$$

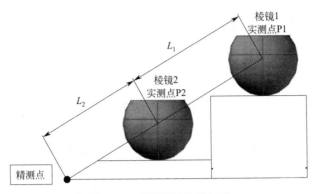

图 7-12　双棱镜结构示例图

③本工程中应用双棱镜对特征点点位进行数据采集，每节钢塔节段的特征点在节段的特征点顶端外侧相切腹板位置，采集四个角点坐标与设计值进行对比，通过调整上口姿态无限接近设计值，节段下端口与下一节段上端口厝边对齐；为保证数据的精确度采用正倒镜 8 测回的方式进行外业数据采集，示例点数据处理见表 7-10，节段安装如图 7-13 所示。

矮塔北肢部位特征点数据处理表　　　　　　　　　　　　　　　表 7-10

钢节段点位	点号	实测值（m）			双盘偏差（mm）			精确点值（特征点位值）（m）		
矮塔北肢 ATN5										
		X（北）	Y（南）	Z（高）	X（北）	Y（南）	Z（高）	X（北）	Y（南）	Z（高）
西南角点	N5XN1	××499.5971	××544.2364	126.5345	0	0	−1			
	N5XN2	××499.6128	××544.2279	126.4491	−1	0	8			
	N5XN3	××499.5973	××544.2366	126.5354	8	3	6			
	N5XN4	××499.6139	××544.2282	126.4409	7	3	−8			
	N5XN5	××499.5897	××544.2332	126.5297	−8	−3	4			
	N5XN6	××499.6073	××544.2253	126.4487	−8	−2	3			
	N5XN7	××499.5973	××544.2366	126.5254	7	3	5			
	N5XN8	××499.6149	××544.2274	126.4458	6	3	9	××499.6248	××544.2207	126.3775
	N5XN9	××499.5903	××544.2337	126.5202	0	−1	−5			
	N5XN10	××499.6093	××544.2248	126.4371	2	1	−3			
	N5XN11	××499.5903	××544.2342	126.5252	−6	−1	−5			
	N5XN12	××499.6077	××544.2237	126.4402	−5	−5	−9			
	N5XN13	××499.5963	××544.2355	126.5305	−2	0	−5			
	N5XN14	××499.6124	××544.2288	126.4491	−2	−1	8			
	N5XN15	××499.5981	××544.2351	126.5354						
	N5XN16	××499.6141	××544.2302	126.4409						

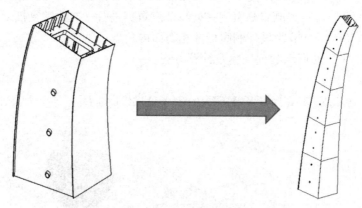

图 7-13　节段安装简图

第三节　工程难点及对策

本工程中主要的施工测量技术难点在于群杆高强锚杆的高精度就位安装工作，也就是需要如何将高塔侧南、北肢基座中各预埋的 85 根高强锚杆，准确无误地对应穿过承压板高强锚杆孔和 1.5m 钢锚箱来实现塔梁墩的固结。

本项高强锚杆就位安装工作中，需分别将高塔南、北肢基座中高度 8.45m、直径 70mm 的 85 根高强锚杆预埋在高强度钢筋混凝土基座中，并有 1.845m 需高出钢筋混凝土基座顶，塔梁结合段底部为 150mm 厚承压板，承压板中排列着 85 个高强锚杆孔位（锚杆位置分布图见图 7-14），每个孔位各对应 1.5m 高的钢锚箱；以此来实现塔梁结合段与钢筋混凝土基座的稳固连接。

针对该项技术难点，对此本工程制定了以下作业流程和方法以解决上述问题：

第一步是预埋件定位，根据设计提供的三维坐标（X、Y、Z）数据运用全站仪放样将一排预埋件中的两端预埋板（45mm×45mm）分别准确定位，与钢筋焊接牢固，然后拉通线控制轴线偏位，钢直尺排距离控制各预埋件间距，使其满足设计要求。

第二步是钢结构定位架安装，是指在预埋件混凝土浇筑完毕后，根据预埋件的相对关系，将焊接好的钢结构定位架逐块就位安装，并整体焊接牢固；在定位架底部根据设计高程逐条临时焊接横向反力梁槽钢支撑板，复核焊接后的支撑板高程，并及时调整不满足精度要求的支撑板，直至全部支撑板高程合格后再整体焊接牢固（高程误差±5mm）。

第三步是反力梁槽钢进场后应逐条逐孔验收高强锚杆孔孔位间距（孔 $\Phi130$mm）；验收合格后将反力梁槽钢吊装到焊接好的支撑板上，根据反力梁两端高强锚杆孔对应的高强锚杆坐标定位整条反力梁槽钢位置，逐条调整反力梁槽钢平面位置（水平方向误差±5mm）。

第四步是定位钢板的安装，采用反力梁槽钢同样的测量方法和精度要求。

第五步是孔位同心度测量，本项目是采用线坠和激光铅垂仪逐孔检查顶层、中层定位板和底层反力梁槽钢的同心度，及时调整不合格孔位。

第六步是高强锚杆就位安装，将高强锚杆按照设计要求安装至预定的孔位再进行逐根调整平面位置和高程，使其达到设计精度，在安装过程中先将杆体高度按设计高程值固定使其不能上下滑动；再逐根进行平面位置调整，并固定牢靠。

此外，由于该特大桥桥梁工程塔基础为超大体积混凝土浇筑工程，根据设计要求需分四次进行浇筑，为保证预埋高强锚杆能够顺利穿过承压板锚杆孔，为此每次混凝土浇筑后运用0.5″高精度全站仪对全部高强锚杆进行复测，并统计因施工影响的高强锚杆所在位置及数量，在下次混凝土浇筑前将偏离设计范围的及时调整合格。

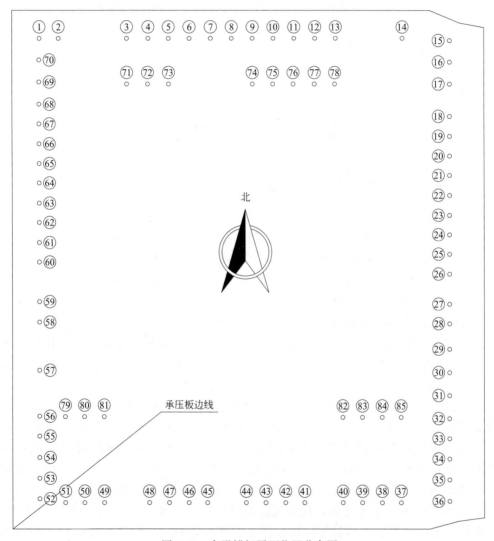

图 7-14　高强锚杆平面位置分布图

第八章　环境工程测量

随着我国经济的发展，人民生活水平的不断提高，人们对环境的要求也不断提升。环境包括大气、水、土壤、城市道路、交通、绿化、景观等，为上述环境内容进行的测量工作，称之为环境工程测量。绿化景观工程、环卫处理厂施工工程、道路工程中的地上植被树木等，都需要大量的工程测量作业，主要包括：前期勘测、施工测量、竣工测量，以及施工阶段与管理使用阶段的变形监测工作。

第一节　实例工程概述

实例 1——某大学新校区绿化景观工程测量

项目基地位于某市的中心城区北部，城北科教园区内；距南侧××大学约 500m。基地南到规划学院路（规划道路红线 50m，建筑后退红线 15m），北至规划路（规划道路红线 15m，建筑后退红线 10m），西临××北路（规划道路红线 40m，建筑后退红线 50m），东到规划 16 号路（规划道路红线 30m，建筑后退红线 15m），规划总用地 52.40 公顷（786.06 亩）。基地呈矩形，南北长 762m，东西宽 660m 至 740m 不等。基地西侧为××渠，基地内现有正常运行的农灌渠一条，自北向南流。

用地中间及东南部平缓，平均坡度约 1%，西北和东北侧坡度高度差较大，平均坡度约 4%，基地西侧由南向北有一条 5~6m 高差的台地。校园道路及建筑布局结合台地走向设计，减少建设土方量。由于基地地形西北侧较为复杂，在规划布局的同时，考虑项目实施的可能性，充分结合现状地形进行各功能布局和道路网的组织，尽量利用绿化坡地和景观台地解决竖向高差问题。校园竖向高差整体考虑多个场地平台，各地块填挖方保持基本平衡，尽量较少工程填挖。通过缓坡解决各地块的地形高差，起伏的地形，更有利于校园景观的形成。以现状地形为基础，结合周边城市规划道路路面标高，控制整个校园的竖向标高设计，场地排水坡度均在 0.3% 以上。校园西北侧地形较为复杂，规划道路坡度较大，坡度大多在 0.5%~2.5% 之间，局部路段为 5.5% 左右，尽量保持场地的土方平衡，减少填挖方；校园东南侧较为平整，道路坡度大多在 1% 左右，地势平坦，土方量较少。由于周边城市道路仍未修建，周边城市道路标高仅为道路设计标高方案，存在变化的可能性，校园竖向设计应随周边道路标高的变化而调整。

实例 2——某市政道路施工前期植被树木的调查与测绘

某规划道路位于××市××区，道路规划长度 265m，现计划新建道路及市政管线。施工前，需进行前期测量，包括规划定线测量、地形测绘、地下管线探测、现状植被树木调查与测绘、纵断面及横断面测量。

测绘范围：沿规划××路，南起在建××桥，北至现状××路交叉口，东起现状××渠，西至规划红线以西 30m 范围。测区树木较多，分布河流水域、在建桥梁，测量条件较复杂。

设计要求见表 8-1。

设计要求条件单

表 8-1

测绘要求	1. 规划定线要求：道路两侧已经拨地的，应取得拨地成果资料，根据坐标对路口红线进行渠化，在地形图上标示并注明拨地编号； 2. 测量范围：南起跨××河在建桥梁，北至××路，东起现状××渠（测出河道轮廓线及示坡线），西至规划红线以西 30m 范围； 3. 纵断图：加密地形图高程以满足纵断需要，各相交路口段着重加密； 4. 横断图：加密地形图高程以满足横断需要，各相交路口段着重加密
工程调查	1. 地上杆线：种类、位置、走向及净空等； 2. 古树及文物：古树的树种编号、胸径及坐标等；文物名称、位置等； 3. 现状树木：测量范围内所有的树木的位置、树种、胸径等，需逐棵标注。苗圃及树林应注明种类、边界、胸径、规格（每百平方米棵数）； 4. 测绘各类建筑物、构筑物及其主要附属设施，房屋外廓以墙角为准
成果要求	1. 相交各路口的道路中线、红线要按规划的路口渠化条件在地形图中给出，包括红线加宽、渐变段、路口红线抹角等； 2. 与现状道路相交处需加密测量点； 3. 与规划及现况道路相交处，路口各方向测量长度路口外均不小于 60m

第二节　测量过程、内容与主要技术方法

实例 1——某大学新校区绿化景观工程测量

作为市政工程的一项内容，绿化景观工程是一项内容全、工序多、项目细致的工作。在绿化景观工程中，测量工作是其基础性工作，它为绿化景观工程提供位置依据和工程量核算的数据基础，甚至通过测量数据，指导、掌控工程各工序的施工全过程，并为工程施工提供变形数据，预测后期变形趋势，确保工程施工质量和安全施工。本节通过详细阐述绿化景观工程测量的主要作业内容、流程及作业详细步骤，通过实际工作案例对从事绿化景观工程测量工作的测量人员起到一定的指导和帮助作用。

1. 绿化景观工程测量流程

绿化景观工程测量主要在工程施工阶段为工程施工提供的测量服务，其主要目的是通过相关的测量技术手段，将设计数据精确放样于实地，以指导工程施工，在此基础上，准确量测工程施工的土方量，为工程量的核算提供数据。其作业内容主要包括测量准备（图纸审核、仪器检定与校核、控制交桩与校核、方案编制与数据准备、施工组织与技术交底）、控制测量、施工放线测量（挡土墙及水景结构施工测量、自然式总平面放线）、施工土石方量测量、建筑物变形观测等环节。具体作业流程如图 8-1 所示。

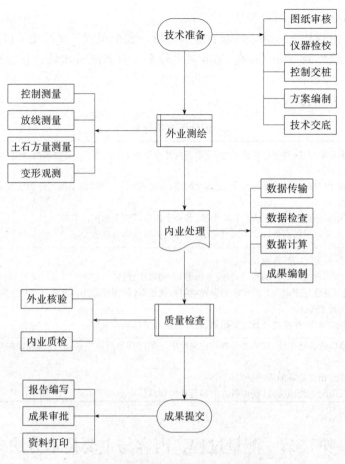

图 8-1　绿化景观工程测量工艺流程图

2. 前期准备

（1）图纸审核

本工程的主要工作是施工测量，放样的数据均基于设计图纸推算的坐标和高程。因此，设计图纸的准确性，直接决定了施工放样测量的正确与否。施工前，对设计图纸进行内业检核，包括图纸的版本、时间、图纸内和图纸间的尺寸闭合关系，尤其是图纸上标注的坐标、高程、大小尺寸关系均应详细推算复核，确保用于放样的设计数据准确无误。

（2）仪器校验

工程开始前，对所有的仪器设备均进行校检。在作业过程中随时进行各项指标的检测。工程中用到的仪器设备见表 8-2。

绿化景观工程测量仪器设备　　　　　　　　　　　　　　　　　　表 8-2

序号	仪器设备名称	仪器设备示意图	参数与用途
1	钢盘尺/钢尺		检验精度:1.0mm 用途:用于距离尺寸检测

续表

序号	仪器设备名称	仪器设备示意图	参数与用途
2	数字水准仪		检验精度:0.4mm/km
			用途:用于高程测量及控制网复核
3	自动安平水准仪	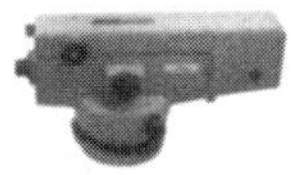	检验精度:0.7mm/km
			用途:用于高程控制测量及常规高程测量
4	全站仪		检验精度:测角 1.0″,测距(2.0+2D)mm
			用途:导线测量及土石方量测量
5	激光垂准仪		检验精度:1/100000
			用途:施工投点
6	RTK 接收机		检验精度:5mm+1ppm
			用途:平面控制网测量、坐标放样

注: 表中仪器设备操作方法参考设备厂家使用说明书及售后培训,本书不做讲解。

3. 控制测量

（1）控制网布设

控制网应先从整体考虑,遵循先整体、后局部,高精度控制低精度的原则;布设控制网首先要根据施工总平面图整体考虑,综合规范指标,从高级到低级依次布设。平面控制网的精度技术指标必须满足规定要求见表 8-3。

平面控制网精度技术指标　　　　　表 8-3

等　　级		测角中误差(″)	边长相对中误差
首级控制网	一级	≤5	≤1/20000
二级控制网	二级	≤10	≤1/10000

（2）平面控制网测设

1）首级平面控制网测设

工程平面控制网分两级测设,首级平面控制网为整个区域的控制网,二级控制网为局部建筑施工控制网。

首级平面控制网采用 GNSS 网络 RTK 方式测设,技术要求见表 8-4。

等级	相邻点间距离 (m)	点位中误差 (cm)	边长相对中误差	基准站等级	流动站到单基站间距离(km)	测回数
一级	≥500	5	≤1/20000	—	—	≥4
二级	≥300	5	≤1/10000	四等及以上	≤6	≥3
三级	≥200	5	≤1/6000	四等及以上	≤6	≥3
				二级及以上	≤3	

GNSS RTK 平面测量技术要求表 表 8-4

注：1. 一级 GNSS 控制点布设应采用网络 RTK 测量技术。

2. 网络 RTK 测量可不受起算点等级、流动站到单基站间距离的限制。

3. 困难地区相邻点间距离缩短至表中的 2/3，边长较差不应大于 2cm。

根据表 8-4 中一级技术要求，测设能够控制全区的首级平面控制网。共测设 4 个 GPS 点，其中测区北侧道路布设 G1、G2，测区南侧道路布设 G3、G4。点位位置如图 8-2 所示。

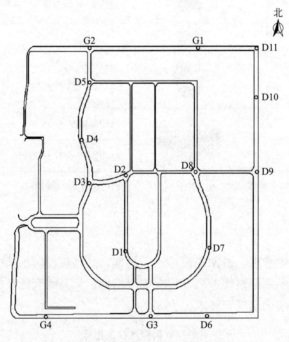

图 8-2　平面控制网点位分布图

2）二级平面控制网测设

依据首级平面总控制网，采用导线加密方式，按二级导线的技术要求，测设道路、景观工程施工控制。根据测区形状以及景观工程的分布情况，在测区布设两条附合导线 DX1 和 DX2，两条导线的数据情况如下：

DX1 的网型如图 8-3 所示（点号依次为 G4、G3、D1、D2、D3、D4、D5、G2、G1），角度及边长改正数分别见表 8-5、表 8-6，导线长度 0.881km，角度闭合差 13.1″，导线全长闭合差 2.26cm，最大点位误差 0.008m，最大点间误差 0.006m，最大边长比例误差 1/39600。

导线 DX1 方向观测值平差成果表　　　　表 8-5

测站	照准	方向值（dms）	改正数（S）	平差后值（dms）
G3	G4	0		
	D1	68.56305	6.3	68.56368
D1	G3	0		
	D2	201.57445	2.6	201.57471
D2	D1	0		
	D3	78.09045	7.1	78.09116
D3	D2	0		
	D4	271.20200	−4.3	271.20157
D4	D3	0		
	D5	198.06025	−4.0	198.05585
D5	D4	0		
	G2	171.52145	1.7	171.52162
G2	D5	0		
	G1	270.06185	3.6	270.06221

导线 DX1 距离观测值平差成果表　　　　表 8-6

测站	照准	距离（m）	改正数（m）	平差后值（m）
G3	G4	296.1820		
	D1	192.4845	0.0020	192.4865
D1	G3	192.4830	0.0035	192.4865
	D2	208.2410	0.0035	208.2445
D2	D1	208.2425	0.0020	208.2445
	D3	105.9325	0.0002	105.9327
D3	D2	105.9330	−0.0003	105.9327
	D4	121.0960	0.0023	121.0983
D4	D3	121.0950	0.0033	121.0983
	D5	160.1050	0.0027	160.1077
D5	D4	160.1050	0.0027	160.1077
	G2	93.6050	0.0028	93.6078
G2	D5	93.6050	0.0028	93.6078
	G1	303.6445		

DX2 的网型如图 8-3 所示（点号依次为 G4、G3、D6、D7、D8、D9、D10、D11、G1、G2），角度及边长改正数分别见表 8-7、见表 8-8，导线长度 1.236km，角度闭合差 19.1″，导线全长闭合差 3.59cm，最大点位误差 0.008m，最大点间误差 0.006m，最大边长比例误差 1/41400。

导线 DX2 方向观测值平差成果表　　　　　　　　　　　表 8-7

测站	照准	方向值(dms)	改正数(S)	平差后值(dms)
G3	G4	0		
	D6	180.34270	2.3	180.34293
D6	G3	0		
	D7	92.02595	7.4	92.03069
D7	D6	0		
	D8	167.18575	4.7	167.19022
D8	D7	0		
	D9	280.32035	0.3	280.32038
D9	D8	0		
	D10	89.23030	5.8	89.23088
D10	D9	0		
	D11	181.04415	2.6	181.04441
D11	D10	0		
	G1	89.59055	0.6	89.59061
G1	D11	0		
	G2	179.32515	−4.7	179.32468

导线 DX2 距离观测值平差成果表　　　　　　　　　　　表 8-8

测站	照准	距离(m)	改正数(m)	平差后值(m)
G3	G4	296.1805		
	D6	157.3295	0.0021	157.3316
D6	G3	157.3305	0.0011	157.3316
	D7	188.0215	0.0026	188.0241
D7	D6	188.0200	0.0041	188.0241
	D8	211.9140	0.0035	211.9175
D8	D7	211.9150	0.0025	211.9175
	D9	172.6845	0.0011	172.6856
D9	D8	172.6835	0.0021	172.6856
	D10	205.6530	0.0025	205.6555
D10	D9	205.6515	0.0040	205.6555
	D11	134.8020	0.0026	134.8046
D11	D10	134.8005	0.0041	134.8046
	G1	165.5430	−0.0008	165.5422
G1	D11	165.5445	−0.0023	165.5422
	G2	303.6440		

平面控制网的坐标成果见表 8-9。

平面控制网坐标成果表　　　　　　　　表 8-9

点名	X(m)	Y(m)	H(m)	备注
G1	××228.470	××977.451		GNSS 网络 RTK
G2	××228.401	××673.801		GNSS 网络 RTK
G3	××490.733	××845.895		GNSS 网络 RTK
G4	××488.213	××549.721		GNSS 网络 RTK
D1	××669.772	××775.211		加密导线点
D2	××878.011	××776.735		加密导线点
D3	××857.022	××672.902		加密导线点
D4	××976.248	××651.686		加密导线点
D5	××134.793	××673.996		加密导线点
D6	××490.493	××003.226		加密导线点
D7	××678.386	××010.245		加密导线点
D8	××886.726	××971.468		加密导线点
D9	××886.753	××144.154		加密导线点
D10	××092.397	××141.916		加密导线点
D11	××227.197	××142.988		加密导线点

（3）高程控制网测设

高程控制网以甲方提供的水准点Ⅱ(SZ)01、Ⅱ(SZ)02 为首级控制点，使用 DS3 精密水准仪对上述已知水准点进行复测检查。校测合格后，由Ⅱ(SZ)01 起测，依次串测所测设的 GNSS 点及导线点，最后附合于Ⅱ(SZ)02，以此作为工程施工高程控制网。高程控制网的等级为四等，水准测量技术要求见表 8-10、表 8-11，水准路线如图 8-3 所示。

水准测量技术要求　　　　　　　　表 8-10

等级	每千米高差全中误差(mm)	路线长度(km)	仪器型号	水准尺	与已知点联测次数	附合或闭合环线观测次数	平地闭合差(mm)
四等	10	≤16	DS3	双面	往返各一次	往一次	$20\sqrt{L}$

注：L 为往返测段，附合或环线的水准路线长度（km）。

水准观测主要技术指标表　　　　　　　　表 8-11

等级	仪器型号	视线长度(m)	前后视距差(m)	任一测站上前后视距差累积(m)	视线离地面最低高度(m)	基、辅分划或黑、红面读数较差(mm)	基、辅分划或黑、红面所测高差较差(mm)
四等	DS3	100	5	10	0.2	3.0	5.0

附合水准路线长度 3.558km，高程闭合差 0.016m（小于限差 0.037m），最大点位误差 0.008m，最大点间误差 0.006m。高差改正数、高差中误差分别见表 8-12、表 8-13，

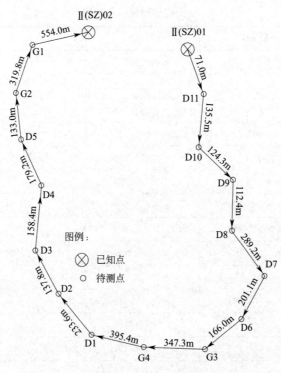

图 8-3　水准路线略图

高程成果见表 8-14。

表 8-12

水准测量高差值平差成果表

起点	终点	高差值（m）	改正数（mm）	改正后值（m）
Ⅱ(SZ)01	D11	−0.273	−0.3	−0.2733
D11	D10	0.2280	−0.6	0.2274
D10	D9	0.6990	−0.6	0.6984
D9	D8	0.3410	−0.5	0.3405
D8	D7	0.2050	−1.3	0.2037
D7	D6	0.8250	−0.9	0.8241
D6	G3	−0.0970	−0.7	−0.0977
G3	G4	−0.2200	−1.6	−0.2216
G4	D1	−0.3850	−1.8	−0.3868
D1	D2	−0.6210	−1.1	−0.6221
D2	D3	0.4360	−0.6	0.4354
D3	D4	−0.5310	−0.7	−0.5317
D4	D5	−0.4020	−0.8	−0.4028
D5	G2	−0.3180	−0.6	−0.3186
G2	G1	−0.0350	−1.4	−0.0364
G1	Ⅱ(SZ)02	−0.1570	−2.5	−0.1595

水准测量高差值平差成果表　表 8-13

起点	终点	高差中误差（mm）	高差（m）
Ⅱ（SZ）01	D11	2.2	−0.2733
D11	D10	3.1	0.2274
D10	D9	2.9	0.6984
D9	D8	2.8	0.3405
D8	D7	4.4	0.2037
D7	D6	3.7	0.8241
D6	G3	3.4	−0.0977
G3	G4	4.7	−0.2216
G4	D1	5.0	−0.3868
D1	D2	4.0	−0.6221
D2	D3	3.1	0.4354
D3	D4	3.3	−0.5317
D4	D5	3.5	−0.4028
D5	G2	3.0	−0.3186
G2	G1	4.6	−0.0364
G1	Ⅱ（SZ）02	5.8	−0.1595

水准测量高程成果表　表 8-14

点号	高程（m）	高程中误差（mm）	点号	高程（m）	高程中误差（mm）
Ⅱ（SZ）01	2330.566		Ⅱ（SZ）02	2330.245	
D11	2330.293	2	D1	2331.881	8
D10	2330.520	4	D2	2331.259	8
D9	2331.219	5	D3	2331.694	8
D8	2331.559	5	D4	2331.162	8
D7	2331.763	6	D5	2330.760	7
D6	2332.587	7	G2	2330.441	7
G3	2332.489	7	G1	2330.404	6
G4	2332.267	8			

4. 施工放线测量

施工测量的目的是为工程施工提供平面位置和高程位置。根据本工程施工内容，包含挡土墙及水景结构施工测量和自然式总平面放线测量两部分内容。前者包括平面位置放线和高程传递测量，后者主要为平面位置放线测量。

（1）施工平面放线测量

挡土墙及水景结构包括地上、地下两部分，其平面轴线需要投影放样。

1）一般园林工程中的定点放线测量方法

在园林绿化景观工程中，常用的平面定点放线方法有以下几种：

①测设坐标网

按照绘有坐标方格网的规划设计图，用测量仪器把方格网的所有坐标点测设到地面上，构成地面上的施工坐标网系统。每个坐标点钉一个小木桩，桩上写明桩号和该点在两个坐标网格轴上的坐标值。分布在园林边界沿线附近的坐标点，最好用混凝土桩做成永久性的坐标桩。

②用坐标网定点

地面的坐标网系统建立以后，可以随时利用它为所有设施定点。当需要为某一设施确定中心点或角点位置时，可对照图纸上的设计，在地面上找到相应的方格和其周围的坐标桩；再用绳子在坐标桩之间连线，成为坐标线。以坐标桩和坐标线为丈量的基准点和基准线，就能够确定方格内外任何地方的中心点、轴心点、端点、交点和角点。

③距离交会法定点

要为设计图上某一设施的中心点定位，还可以利用其附近任意两个已有的固定点。在图上分别量出两个固定点至中心点的距离。再从这两点引出两条拉成直线的绳子，以量出的距离作为绳子的长度，两条绳子在各自长度之处相交，其交点即为该设施在地面上的中心点位置。两个已知的固定点，还可以是方格坐标网系统中的两个相邻坐标桩。

④用坐标网放线

在规划设计图上找出图形线与方格坐标网线的一系列交点，并把这些交点测设到地面坐标网线的相应位置，然后再把这些交点用线连起来，其所连之线就是需要在地面放出的图形线。应用方格坐标网方法能够很方便地测放园林景观项目的内部道路、水体泊岸等工程的曲线位置线。挖湖堆山、地面整平、划定园林中轴线、以路线划分地块和近距离施工建筑的定位等带有全局性的施工问题。随着工程项目的一步步展开，还会有多次的定点放线工作。

采用自然式布局的园林绿地，其地形、园路、水体、草坪、林地等一般都是不规则的形状，整个园林中也没有一条中轴线可作放线基准。在一般园林的施工中，自然式定点放线采用坐标方格网法，只在局部小区域中可采用角度交会法进行定点操作。

对于挡土墙及水景结构而言，其分为地上、地下两部分，不同于园路、水体、草坪、林地等地表低平形式的园林绿地，需要按地下、地上分别测放其平面轴线位置，而且放样方法也有所不同。

2）含地下、地上结构的景观建筑施工平面测量

本工程中，挡土墙及水景结构分为地上、地下两部分内容，其平面施工测量的过程如下：

①地面以下部分施工平面测量

开挖线放样：首先根据轴线控制桩投测出控制轴线，然后根据开挖线与控制轴线的尺寸关系放样出开挖线，并撒出白灰线作为标志。当基槽开挖到接近槽底设计标高时，使用经纬仪/全站仪根据轴线控制桩投测出挡土墙、水景基槽开挖边线，并撒出白灰线指导开挖。全站仪极坐标法放样的数据计算，见表8-15。

极坐标放样计算表　　　　　　　　　　　　　　　表 8-15

项目名称：　　　　　　工作地点：　　　　　　观测日期：　　　　　　第 1 页共 1 页

开始时间		结束时间			仪器名称			仪器编号		成像	
测站点号	D2	测站坐标		$X=\times\times878.011$			$Y=\times\times776.735$				

点号	已知坐标值		计算水平角或方位角				计算水平距离	放点结束后视归零值		
	X(m)	Y(m)	镜位	°	′	″	s(m)	°	′	″
D3	$\times\times857.022$	$\times\times672.902$	正	0	00	00	105.933	0	00	02
			倒	180	00	00		180	00	01
5 号-1	$\times\times842.010$	$\times\times747.152$	正	320	50	20	46.596			
			倒	140	50	20				
5 号-2	$\times\times842.010$	$\times\times693.054$	正	348	08	59	91.097			
			倒	168	08	59				

观测者：　　　　　计算者：　　　　　检查者：　　　　　　　　　　作业单位：

轴线投测：基础底板混凝土浇筑并凝固后，根据基坑边上的轴线控制桩，将经纬仪架设在控制桩位上，经对中整平后，后视同轴对面方向桩，将控制轴线投测到作业面上。然后以控制轴线为基准，以设计图纸为依据，放样出其他轴线和柱边线、洞口边线等细部线。当每一层平面或每一施工段测量放线完成后，必须进行自检，自检合格后及时填写楼层放线记录表并报监理验线，以便能及时进行下道工序。

验线时，允许偏差见表 8-16。

轴线间距允许偏差　　　　　　　　　　　　　　　表 8-16

主轴线间距	允许偏差(mm)
$L\leqslant30$m	±5
30m$<L\leqslant$60m	±10
60m$<L\leqslant$90m	±15
$L>90$m	±20

②地面以上高层结构部分施工平面测量

建筑物±0 以上的轴线投测采用激光投点仪竖向传递法进行轴线传递。其具体步骤如下：

首先埋设预埋件：预埋铁件由 100mm×100mm×8mm 厚钢板制作而成，在钢板下面焊接 ϕ12 钢筋，且与底板焊接浇筑。预埋件的结构如图 8-4 所示。

然后进行控制点的测设：待预埋件埋设完毕后，将内控点所在纵横轴线分别投测到预埋铁件上，并使用全站仪进行测角、测边校核，精度合格后作为平面控制依据。内控网的精度不低于轴线控制网的精度。

最后进行细部线放样：轴线控制点投测到施工层后，将经纬仪分别置于各点上，检查相邻点间夹角是否为 90°，然后用检定过的 50m 钢卷尺校测相邻两点间水平距离，检查控制点是否投测正确。控制点投测正确后依据控制点与控制线的尺寸关系放样出轴线。控制

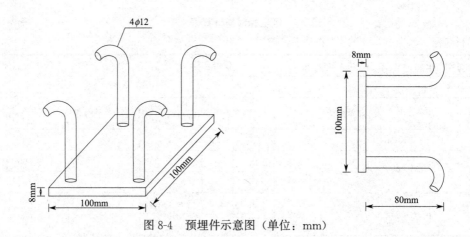

图 8-4　预埋件示意图（单位：mm）

线测放完毕并自检合格后，以控制线为依据，依据图纸设计尺寸放样出水景、挡土墙及其他建筑小品边线等细部线。

（2）施工高程测量

对于地表上的绿化景观和园林绿地，如地形、园路、水体、草坪、林地等，可直接通过水准观测施工位置的高程值，通过观测高程值与设计高程值的差值比对，即可控制和指导该位置的竖向施工。对于含地下、地上高层结构的绿化景观工程，需要通过高程传递进行施工高程控制。

1）地面以下结构施工标高控制

地面以下的园林景观（如挡土墙及水景结构的地面以下部分等），其施工高程控制，需要将地面上的高程控制点，引测至地下施工面上。在向基坑内引测标高时，首先联测高程控制网点。经联测确认无误后，再向基坑内引测所需的标高。一般采用吊钢尺法引测。以现场高程控制点为依据，使用水准仪以中丝读数法向基坑内测设附合水准路线，将高程引测到基坑施工面上。标高基准点用红油漆标注在基坑侧壁上，并标明数据。

悬吊钢卷尺法如图 8-5 所示。

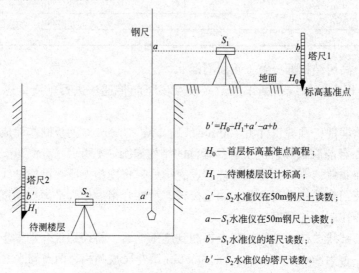

图 8-5　吊钢尺法引测标高示意图

下面是悬吊钢卷尺法观测的一组数值记录,见表 8-17。

吊钢尺法观测记录　　　　　　　　　　　　　　　　　　表 8-17

项目名称:　　　　　观测日期:　　　　　　钢尺编号:7035

	地上固定点(铟钢尺)读数	地上钢尺读数	地下钢尺读数	地下固定点(铟钢尺)读数	地上固定点至地下固定点高差
第 1 次	0.59490	18.9341	3.9732	0.99240	−15.35840
第 2 次	0.59590	18.9348	3.9719	0.99210	−15.35910
第 3 次	0.59610	18.9343	3.9714	0.99190	−15.35870
换仪器高(10cm 以上)					
	地上固定点(铟钢尺)读数	地上钢尺读数	地下钢尺读数	地下固定点(铟钢尺)读数	地上固定点至地下固定点高差
第 4 次	0.47120	18.8103	3.8159	0.83520	−15.35840
第 5 次	0.47190	18.8108	3.8153	0.83510	−15.35870
第 6 次	0.47090	18.8091	3.8154	0.83590	−15.35870
重新固定钢尺(卡定处与上次位置相差在 1m 以上)					
	地下固定点(铟钢尺)读数	地下钢尺读数	地上钢尺读数	地上固定点(铟钢尺)读数	地下固定点至地上固定点高差
第 7 次	0.86620	2.6212	17.5992	0.48610	15.35810
第 8 次	0.86690	2.6214	17.5989	0.48540	15.35900
第 9 次	0.86730	2.6219	17.5982	0.48510	15.35850
换仪器高(10cm 以上)					
	地下固定点(铟钢尺)读数	地下钢尺读数	地上钢尺读数	地上固定点(铟钢尺)读数	地下固定点至地上固定点高差
第 10 次	0.96110	2.7171	17.7664	0.65210	15.35830
第 11 次	0.96090	2.7159	17.7652	0.65290	15.35730
第 12 次	0.96170	2.7153	17.7653	0.65290	15.35880

钢尺改正公式:$D_{终} = D_{测}(m) + 尺长改正值(m) + D_{测} \times 0.0000115 \times (测量时的温度 - 20)$;

根据厂家及检测方提供的要求,测量时吊挂 5kg 的重锤;

尺长改正值(mm)	测量时温度(℃)	温度改正系数	温度改正值(m)	地上固定点至地下固定点高差(m)	地下固定点至地上固定点高差(m)
0.9	22	0.0000115	0.0003441	−15.35991	15.35958

观测:　　　　　记录:　　　　　计算:　　　　　检核:

施工标高点的测设:以引测到基坑的标高基准点为依据,使用水准仪以中丝读数法观测,将施工标高点测设在基坑侧柱立面上,并用红油漆作好标记,以此作为施工标高控制的标志点。

2)地面以上高层结构施工标高控制

地面以上高层结构园林景观施工(如挡土墙及水景结构的地面以上部分等),其施工高程控制,需要将地面上的高程控制点,引测至地上各层施工面上。一般通过钢尺直接量取或吊钢尺水准观测等方法进行高程传递。

首先从高程控制点将高程引测到便于向上竖直量尺处,经校核合格后作为起始标高线，并弹出墨线，用红油漆标明高程数据。

用钢尺从起始标高线处竖直向上量取竖向距离竖向距离以传递高程。钢尺需进行拉力、尺长、温度三差改正。也可用吊钢尺水准观测法向上部传递高程（图 8-5）。

每一层至少传递 3 个标高点。施工层抄平之前，应先校测传递上来的 3 个标高点，当高差小于 3mm 时，取其平均标高引测水平线。抄平时，应尽量将水准仪安置在测点范围的中心位置，以减少 i 角误差的影响。

5. 土石方量测量

土石方量测量就是通过测量仪器采集现场区域范围内各处的空间高低起伏，通过施工结束后的现状数据与工程施工前的原状数据比对计算出整个施工期间的填挖土石方量；通过某一时间段结束时的观测数据与该时间段初始时的现状数据比对计算出该施工阶段的填挖土石方量；通过现状观测数据与设计数据（或某一高程值）的比对计算出工程预估的填挖土石方量；通过现状数据的内部比对计算出该地块范围内填挖平衡时的地块高程及填挖土石方量。通过计算的填挖土石方量，可以较为准确的预估土石方工程费用，也为工程组织、工期安排提供基础数据。

（1）控制测量

土石方量测量中，控制测量是基础依据。鉴于控制测量在之前的章节有讲述，此处不再赘述。需要注意的是，土石方量测量中的控制测量尽可能使用施工控制，需要单独测设控制时，尽可能与施工控制联测，以便相互检核。同时，一些工程施工周期较长，须注意控制点沉降的影响。

（2）外业施测

传统的土石方量测量，一般使用全站仪采用极坐标法测量，采集全部区域内特征点的平面坐标和高程，或者采集断面处各特征点的坐标高程。

随着测量技术的发展，出现了技术新、功能强的仪器设备，附带扫描功能的全站仪，它不仅具有全站仪的功能，而且能够进行点云扫描，在测量土石方量时更方便，自动化程度高，点位密，精度高，点云数据直观可视化，越来越多的应用于土石方工程测量中。

（3）内业成果处理

计算方量的软件很多，CASS 地形绘图软件就是其中之一，国内使用的比较多。利用 CASS8.0 地形绘图软件计算的土石方量计算成果如图 8-6 所示。

6. 沉降观测

受地质条件、地下水等因素及周边现场环境的影响（动态或静态），以及工程自身结构和设计高度的不同，新建的建（构）筑物在施工过程中以及竣工后一定时期的运营阶段，会出现沉降、位移、倾斜等变形和形变的情况。通过变形观测，可以了解、掌控各阶段的变形情况，并基于变形观测数据及时调整施工节奏，预估后期的变形趋势，有效地保障施工安全。

变形观测的观测项目比较多，常见的有沉降、位移、倾斜、收敛、回弹等。一般情况，监测内容、点位布设、观测频率、警戒值等指标在设计图中已经提供，设计未提供时，监测单位须根据规范的相关条款要求进行设计。本工程设计要求对景观工程的建（构）筑物进行沉降观测，而且设计图中已经明确设定了监测点的点位位置、观测频率、观测周期等相关指标。下面对一些关键点简要阐述。

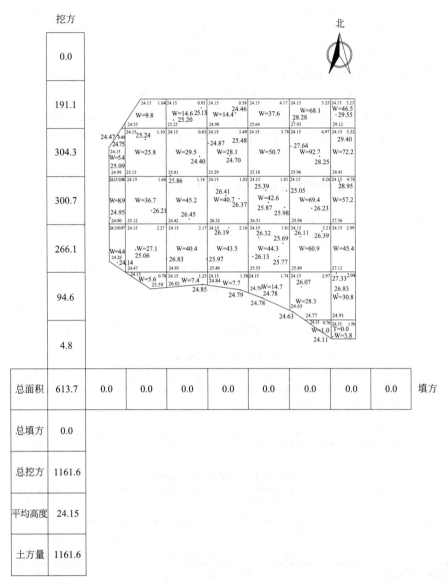

图 8-6　土方量计算示意图

（1）变形观测点的图上布设

《建筑变形测量规范》JGJ 8—2016 第 7.1.2 条有如下要求：沉降监测点应能反映建筑物及地基变形特征，位于建筑四角及沿外墙每 10～20m 或每隔 2～3 根柱基上；在建筑高低错层及后浇带两侧须布设沉降监测点。本工程的建（构）筑的点位布设，符合上述规范条款。需要注意的是，在实际点位布设过程中，对于后浇带、沉降缝两侧容易忽视，必须特别关注这些关键部位。

（2）沉降基准点的实地埋设

沉降基准点是沉降观测的基础，沉降观测过程中，一旦沉降基准点发生变化，则整个观测数据都将失真，不能准确反映各观测点部位的真实沉降情况，可能发生漏报警、假报警的情况，严重的可能发生安全事故。因此，要重视沉降基准点的埋设问题，按规范中对沉降基准点的具体要求埋设,包括位置、深度、材质、结构等,应符合《建筑变形测量规范》JGJ 8—2016 第 5.2.2、5.2.4 条的要求,基准点应避开交通干道主路、地下管线等机器震动、土质松软及容易受到破坏的地方,基准点与待测建筑的距离应大于该建筑基础最大深度的 2 倍,基准点的标石应埋设在基岩层或原状土层中且低于冻土线 0.5m 以下。

(3)选择合适的变形测量等级,按相应等级的指标观测

《建筑变形测量规范》JGJ 8—2016 对不同的观测对象,均明确规定的变形观测等级及水准测量对应于沉降观测各等级的观测方法、限差等技术要求,具体见表 8-18~表 8-21。

建筑物变形测量的等级、精度指标及其适用范围　　　　表 8-18

等级	沉降监测点测站高差中误差(mm)	主要适用范围
特等	0.05	特高精度要求的变形测量
一等	0.15	地基基础设计为甲级的建筑的变形测量,重要的古建筑、历史建筑的变形测量;重要的城市基础设施的变形测量等
二等	0.5	地基基础设计为甲、乙级的建筑的变形测量;重要场地的边坡测量;重要管线的变形测量;重要的基坑监测;地下工程施工及运营中的变形测量;重要的城市基础设施的变形测量等

数字水准仪观测要求　　　　表 8-19

等级	视线长度(m)	前后视距差(m)	前后视距累积差(m)	视线高度(m)	重复测量次数(次)
一等	≥4 且≤30	≤1.0	≤3.0	≥0.65	≥3
二等	≥3 且≤50	≤1.5	≤5.0	≥0.55	≥2

注:在室内作业时,视线高度不受本表的限制。

数字水准仪观测限差 (mm)　　　　表 8-20

沉降观测等级	两次读数所测高差之差限差	往返较差及附合或环线闭合差限差	单程双测站所测高差较差限差	检测已测段高差之差限差
一等	0.5	$0.3\sqrt{n}$	$0.2\sqrt{n}$	$0.45\sqrt{n}$
二等	0.7	$1.0\sqrt{n}$	$0.7\sqrt{n}$	$1.5\sqrt{n}$

注:表中 n 为测站数。

水准测量观测方式　　　　表 8-21

等级	基准点测量、工作基点联测及首期沉降观测			其他各期沉降观测			观测顺序
	DS05 型仪器	DS1 型仪器	DS3 型仪器	DS05 型仪器	DS1 型仪器	DS3 型仪器	
二等	往返测	往返测或单程双测站	—	单程观测	单程双测站	—	奇数站:后-前-前-后 偶数站:前-后-后-前

(4)仪器合格,且每次观测前校验仪器

沉降观测属于精密工程测量,观测仪器的状态至关重要,仪器精度等级满足规范要求,经过检验机构的检校且在有效的校验期内,每次观测作业前首先检验仪器,指标在允许范围内方可作业。

（5）观测过程中遵循"四不变"

观测过程中，在基本相同观测条件下工作，尽量采用相同的观测路线和观测方法，使用相同的仪器和设备，固定观测人员，以减少测量环境对变形数据的影响，使变形观测数据更能真实反映工程现场的实际情况。

（6）根据设定的施工节点，按时进场观测

由于大多数测量单位均不驻施工现场，不够掌握实际的施工节奏及时间节点，往往不能按照沉降观测方案既定的施工节点计划进场观测，造成荷载与变形数据不能实际匹配的情况。只有严格按照既定的施工进度计划，及时进场观测，才能将施工荷载与变形数据有效地联系起来。

（7）关注特殊部位，注意非正常情况下的变形数据

变形观测的目的是了解和掌握工程的变形情况，以便调节工程的施工节奏，防止安全事故的发生，同时为类似工程积累数据。由于相邻变形观测点之间有一定的间距，每个观测点的变形数据能代表其所处位置的变形情况，没有布设观测点的位置，只能用其临近观测点的变形数据替代或根据与其相邻的前后两个点位的变形值内插求得该处的变形值。由于施工现场情况千变万化，工程结构复杂、施工工序繁多，根据内插求得的变形值不一定准确。通过现场巡视，能较为有效地补充上述不足，如裂缝、变形、形变等现象，通过目测就能发现，这些可以作为仪器观测之外的有效补充，尤其对高低错层、变形缝周边、承重墙等关键部位。另外，当建筑高低错层差距较大时，施工进行到一定程度，发生较长时间的停工时，须特别注意，此时由于建筑各部位的荷载不均衡，容易发生不均匀沉降。

（8）多查看变形曲线，曲线更能直观地反映变形趋势

变形曲线是变形数据的另一种表现形式，它的特点是直观、数据连续、比对分析便捷、可视化强、后期趋势明显。某些情况下，单从变形数据看，不容易看出变形数据隐含的内在趋势和数据间的关联关系，如果生成变形曲线，则比较容易分析研判。

（9）工程中，某项建筑的沉降观测图表数据如下（沉降观测点布置如图8-7所示，累计沉降量见表8-22，时间-荷载-沉降量曲线和等沉降曲线分别如图8-8、图8-9所示）。

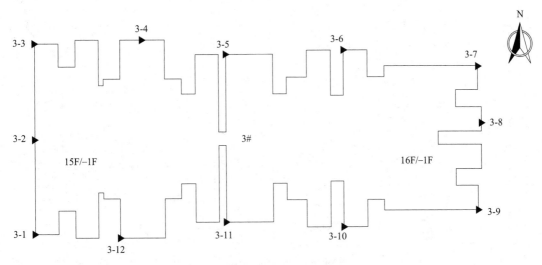

图8-7　沉降观测点布置图

累计沉降量统计表 表 8-22

点号	累计观测时间(d)	累计沉降量(mm)	点号	累计观测时间(d)	累计沉降量(mm)
3-1	670	−6.25	3-7	670	−12.46
3-2	670	−8.50	3-8	670	−14.18
3-3	670	−7.33	3-9	670	−14.02
3-4	670	−10.64	3-10	670	−15.23
3-5	670	−11.42	3-11	670	−11.63
3-6	670	−12.75	3-12	670	−11.21

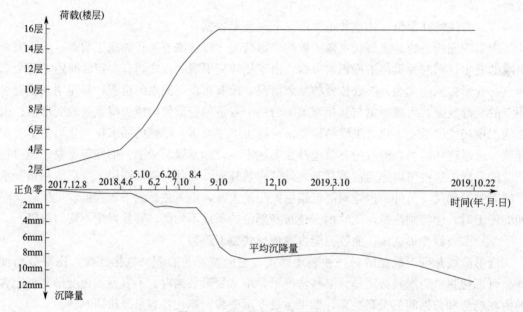

图 8-8 时间-荷载-沉降量曲线图

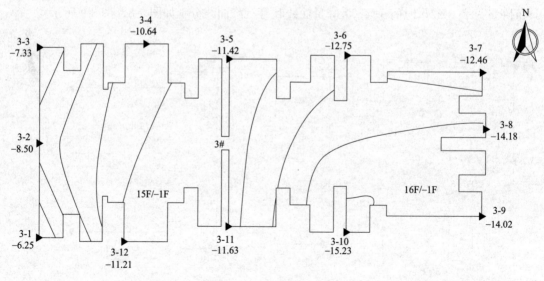

图 8-9 等沉降曲线图

实例 2——某市政道路施工前期植被树木的调查与测绘

绿地植被测量工作是城市道路施工前期的一项重要测量内容，它为道路工程设计提供重要的基础资料，已有树木的可利用情况、伐移量、在建道路的景观工程设计思路，都需要准确测量现场已有的绿化植被及树木的相关数据。本节通过详细阐述植被树木测量工作的主要作业流程及作业详细步骤，以及通过实际工作案例对城市绿地植被树木调查测量工作的测量人员起到一定的指导和帮助作用。

1. 城市植被树木测量流程图

城市植被树木调查测绘是建设工程施工前的一项测量工作，其主要目的就是通过相关的测量技术手段，精确量测出施工占地范围内的每株乔木、灌木的平面位置、高度或胸径，以及施工占地范围内色块、宿根、草坪的面积及高度，并以图、表的形式表示出来，为工程施工占地及园林景观工程设计提供基础资料。其内容主要包括前期踏勘和资料收集、方案编制和测前准备、控制测量、树木植被调查、树木植被测量、内业成果编制、质量检查与验收、成果报告编制等环节。具体作业流程如图 8-10 所示。

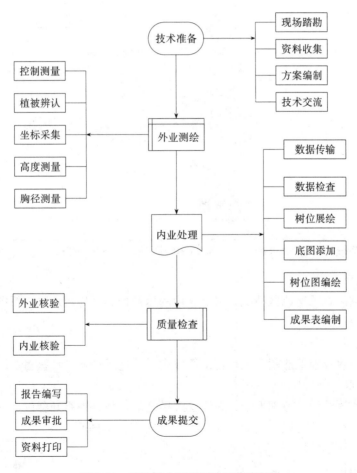

图 8-10　植被树木调查测绘工艺流程图

2. 城市植被树木测量方法

（1）前期准备

1）仪器检查及检校

工程开始前，对所有的仪器设备均进行检校。在作业过程中随时进行各项指标的检测。工程中用到的仪器设备见表8-23。

植被树木测量仪器设备 表 8-23

序号	仪器设备名称	仪器设备示意图	参数与用途
1	RTK 接收机		检验精度：5mm＋1ppm
			用途：控制测量及植被树木坐标采集
2	全站仪		检验精度：测角 2.0″，测距/(2.0＋2D)mm
			用途：导线测量及植被树木坐标、树高采集
3	塔尺		检验精度：1.0mm
			用途：树高测量
4	量高尺		检验精度：1％
			用途：树高测量
5	胸径尺		检验精度：1.0mm
			用途：胸径测量

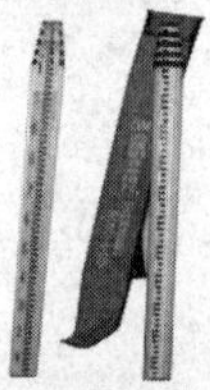

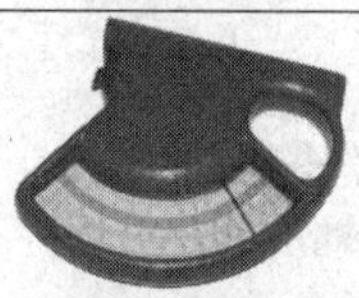

注：表中仪器设备操作方法参考设备厂家使用说明书及售后培训，本书不做讲解。

2）现场地形勘察

首先踏勘测区，了解测区情况，对测区内的植被种类、地形地物进行踏勘，并现场选择控制点的点位。

3）资料收集

通过踏勘，收集地形底图、工程规证等资料，并进行外业检校核对。

4）技术交底

每个地块的测绘任务分配下来、在测绘进场之前，项目组召开会议，召集所有参与的人员进行技术交底，针对该地块的情况特点，对安全、工期等方面进行有针对性的安排，对技术质量进行详细的培训。

（2）控制测量

在测区范围内合适的位置，用网络 RTK 方法测设 3 个 GPS 控制点。施测遵循的主要技术指标见表 8-24、表 8-25。

GNSS RTK 平面测量技术要求　　　　　　　　　　表 8-24

等级	相邻点间距	点位中误差(cm)	边长相对中误差	基准站等级	流动站到单基准站间距离(km)	测回数
二级	≥300	5	≤1/10000	四等及以上	≤6	≥3

GNSS 卫星状况的基本要求　　　　　　　　　　表 8-25

观测窗口状态	15°以上的卫星个数	PDOP 值
良好	>5	<4
可用	5	<6
不可用	<5	>6

仪器选型：工程使用南方动态 S82-T RTK 三台，仪器精度为 5mm＋1ppm，对中误差在 1mm 以内，符合平面固定误差不大于 10mm，比例误差系数不大于 1mm/km，对中误差不大于 2mm 的技术要求。

观测要求：每测回的观测时间不应少于 10s，取平均值作为本测回的观测结果，测回间的时间间隔应超过 60s；天线高量测次数不少于 2 次，较差不大于 3mm 取平均值。

点位选择：视野开阔，交通方便，远离高大建筑物、信号影响源（如电视台、电台、微波站、高压线塔等），作为首级控制点时采用固定点标志，固定点标志应埋设在地质稳定、便于施测和易于长期保留的地方。

作业要求：进行三次独立观测，平面较差小于 2cm，高程较差小于 3cm，取平均值作为测量成果。

数据处理：数据通过解算中心，解算得出 CORS 控制点的地方坐标和地方高程。

（3）地形底图检测及范围边界的测放

1）地形底图检测

使用 RTK 接收机，检测地形图的平面精度。每幅图不少于 30 个点，点位随机抽取，重点抽取规划道路占地范围内明显的地形、地物点，并将检测坐标与地形底图获取的坐标比较以计算地形精度，精度标准为：明显建筑物的特征点平面精度高于 0.25m，最大平面点位互差在 0.5m 以内。考虑到测绘成果仅作为规划道路占地范围内的园林植被使用，因此对范围内与园林植被无关的其他地形、地物的点位选取可适当放宽。

2）范围边界的测放

甲方提供的施工占地的范围边界须精确测放于实地。测放精度与地籍界址点的精度一致：平面点位精度在 5cm 以内。工程中，对于 RTK 接收信号良好的地段，采用 RTK 方法放样范围边界线点；对于紧邻建筑物、高压线、大面积水系等 RTK 接收信号较差的地段，采用全站仪极坐标法放样范围边界线点；边界范围界线点定位后，在实地用木桩或一号钉定桩，标注点号，并用石灰在实地标注连线以便测量时区分界线。

（4）各类植被的具体测绘方法

基于测区控制点，对测区内的树木、绿地等要素进行数据采集，具体包括：

1）范围分界线及单株树木的平面坐标测量

对于卫星信号较好的地段，采用 RTK 测量范围边界点及单株树木的平面坐标，对于卫星信号较差的地段，采用全站仪极坐标法测量其平面位置。

①全站仪极坐标法测量

全站仪极坐标法测量范围分界线及单株树木的平面坐标的技术要求如下：测量时水平角和垂直角各观测半测回，用跟踪法依次读取测量距离。测量时，测距长度不超过100m，角度读至5″或1″，距离读至毫米。仪器对中偏差不大于2mm。全站仪自动采集数据时，测站记流水号应与外业草图点号一致。

②动态RTK测量

在测区控制点基础上，采用动态RTK方法采集测区内的树木、绿地坐标。具体是通过测量员把基准站架设在任意点位上，然后手持GPS流动站接收机、手簿，采集控制点数据，进行参数转换，转换后的坐标经检验正确且满足规范精度要求后进行碎部点的数据采集。动态RTK野外地形图测绘作业要求：测量人员必须在有卫星信号和基准站信号的前提下，竖直流动杆，进行测量作业。为保证测量数据成果的可靠性，采集部分数据应该复核一次控制点，其坐标互差应在10cm以内。

2）植被的高度测量

高度小于3m的常绿乔木、灌木、色块、宿根利用塔尺直接量高，高度大于3m的利用全站仪悬高测量的功能（或量高尺）量取其高度。落叶乔木的胸径不大于5cm时，仅测量其高度。

3）胸径测量

胸径指位于沿树高方向距其根颈1.3m处的直径。利用直径卷尺（也称"胸径尺"）量测落叶乔木的胸径。

3. 内业数据整理及成果编制方法

（1）数据处理及成果编制方法

外业数据采集结束后，将外业采集的测点数据由全站仪、RTK接收机或PDA手簿直接传输到计算机中，利用AutoLisp编程开发的AutoCAD程序调用各测点的定位坐标及对应的编码数据，直接生成各植被、树木的平面位置，以及各地块的分界线、分界点，并在各展绘点的一侧自动展绘其野外测量点号。

结合野外绘制的植被、绿地草图，利用CASS8.0成图软件，将同一种类的树木用树位线依次连线，按照连接次序以扯旗的方式标注其图上编号，生成树位图，并依据《国家基本比例尺地图图式 第1部分：1∶500 1∶1000 1∶2000 地形图图式》GB/T 20257.1—2017要求进行图廓整饰。在此基础上，对压盖的内容进行整饰处理。园林测绘成果图，如图8-11所示。

园林测绘成果表包括统计表和汇总表。根据树位图中树木的编号、树种、胸径和高度按顺序依据填写到统计表中，生成汇总表。统计表见表8-26，汇总表见表8-27。

（2）数据处理及成果编制方法

植被树木测量的外业测绘及内业数据处理时可采用数字化测绘的一系列仪器设备及技术方法，包括外业数据采集采用编码法测绘方法，RTK和全站仪采集的数据直接存储于仪器中，植被高度、胸径数据使用PDA现场电子化记录，内业数据处理采用AutoLisp编程开发的AutoCAD的图形绘制处理程序，上述一系列的技术方法，可在一定程度上精简作业环节，降低出错概率，大大提高工作效率，确保成果质量和测绘工期，降低测绘成本。

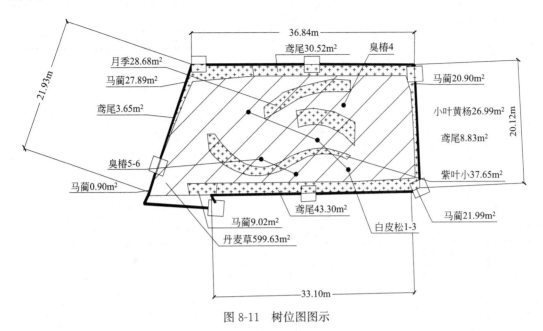

图 8-11　树位图图示

园林测绘成果表：统计表　　　　　　表 8-26

工程名称：　　　　　　　　　　　　　　　　工程地点：

编号	树种	数量/株	胸径/cm	地径/cm	高度/m	编号	树种	数量/株	胸径/cm	地径/cm	高度/m
1	白皮松	1		15.7	3.2	17	油松	1			5.3
2	白皮松	1		24.2	3.8	18	油松	1			5.5
3	白皮松	1		31.3	5.6	19	元宝槭	1	13.5		
4	臭椿	1	20.9			20	元宝槭	1	11.0		
5	臭椿	1	33.6			21	元宝槭	1	14.0		
6	臭椿	1	29.1			22	元宝槭	1	13.0		
7	油松	1			5.5	23	元宝槭	1	14.0		
8	油松	1			4.4	24	元宝槭	1	13.5		
9	油松	1			4.7	25	元宝槭	1	10.5		
10	油松	1			4.6	26	元宝槭	1	12.0		
11	油松	1			5.7	27	元宝槭	1	12.0		
12	油松	1			5.2	28	元宝槭	1	12.0		
13	油松	1			5.5	29	元宝槭	1	12.0		
14	油松	1			5.2	30	元宝槭	1	12.0		
15	油松	1			4.5	31	白蜡	1	39.0		
16	油松	1			4.9						

测绘：　　　　　审定：　　　　　　　测绘日期：　　　　　　年　月　日

园林测绘成果表：汇总表 表 8-27

一、乔木

序号	树种	胸径/cm	地径/cm	高度/m	数量/株	合计/株
1	白皮松		15.7	3.2	1	3
			24.2	3.8	1	
			31.3	5.6	1	
2	臭椿	20.9			1	3
		33.6			1	
		29.1			1	
						合计:6株

二、色块

序号	树种	高度/m	数量/丛株	面积/m²	备注
1	紫叶小檗	0.6～0.8		37.65	20 株/m²
2	小叶黄杨	1.0～1.2		26.99	20 株/m²
3	马蔺	0.1～0.3		80.70	15 株/m²
1	月季	1.5～2.0		28.68	12 株/m²
					合计:174.02m²

三、宿根

序号	树种	高度/m	数量/丛株	面积/m²
1	鸢尾	0.2～0.4		86.30
				合计:86.30m²

四、草坪

序号	树种	高度/m	数量/丛株	面积/m²
1	丹麦草			599.63
				合计:599.63m²

测绘：　　　　审定：　　　　测绘日期：　年　月　日

4. 测量数据的质量检查及精度统计

（1）精度检测方法及遵循的要求

为保证测量数据成果的可靠性，在同一测站或相临测站应测量平面位置重合点，检查坐标测量数据的精度，每站检查点不少于 2 点，重合测量点数不少于总点数的 5%。每天测量的重合检查点，均计算出坐标并与原测坐标进行对比，其平面互差应在 10cm 以内，满足测量规范要求。

为保证高度及胸径测量数据成果的可靠性，应抽选不少于总点数的 5% 的植被进行高度、胸径检测。每天测量的重合检查点，均与其原测数据进行对比，其高度互差应在 0.1m 以内、胸径互差应在 1.0cm 以内。

（2）精度统计方法

外业测绘作业结束后，应计算其各项测量精度，具体计算方法为：

$$m_{ts} = \pm \sqrt{\frac{\sum \Delta S_{ti}^2}{2n_1}} \tag{8-1}$$

$$m_{th} = \pm \sqrt{\frac{\sum \Delta h_{ti}^2}{2n_2}} \tag{8-2}$$

$$m_{td} \pm \sqrt{\frac{\sum \Delta d_{ti}^2}{2n}} \tag{8-3}$$

式(8-1)~式(8-3)中，各代码的含义为：

m_{ts}——树木平面位置测量中误差；

m_{th}——植被高度测量中误差；

m_{td}——植被胸径测量中误差；

ΔS_{ti}——各检测树木的平面位置偏差；

Δh_{ti}——各检测植被的高度偏差；

Δd_{ti}——各检测树木的胸径偏差；

n_1——进行平面位置检测的树木的总个数；

n_2——进行高度检测的树木的总个数；

n——进行胸径检测的树木的总个数。

（3）精度统计结果

精度统计数据见表8-28。

植被树木测绘精度统计表   表 8-28

工程名称：   检测日期：

点号		测量数据				平面互差 (mm)	高度互差 (m)	胸径互差 (cm)
		X 坐标(m)	Y 坐标(m)	高度(m)	胸径(cm)			
1	原测	××696.539	××890.825	8.6		28.1	−0.2	
	检测	××696.537	××890.853	8.4				
2	原测	××686.946	××891.795	12.4		16.1	−0.1	
	检测	××686.962	××891.797	12.3				
3	原测	××682.600	××903.791	9.1		33.1	0.1	
	检测	××682.567	××903.788	9.2				
4	原测	××654.647	××903.457	6.7		49.0	0.1	
	检测	××654.694	××903.471	6.8				
5	原测	××648.033	××901.634	7.8		24.3	−0.2	
	检测	××648.029	××901.658	7.6				
6	原测	××632.409	××892.335		39.3	54.7		−0.2
	检测	××632.362	××892.363		39.1			
7	原测	××500.600	××804.528		28.2	15.2		0.3
	检测	××500.614	××804.522		28.5			
8	原测	××500.456	××807.139		37.9	16.6		−0.3
	检测	××500.447	××807.153		37.6			

续表

点号		测量数据				平面互差 (mm)	高度互差 (m)	胸径互差 (cm)
		X坐标(m)	Y坐标(m)	高度(m)	胸径(cm)			
9	原测	××503.971	××807.485		29.9	24.2		0.2
	检测	××503.959	××807.464		30.1			
10	原测	××503.764	××805.540		36.3	25.5		0.4
	检测	××503.747	××805.559		36.7			
11	原测	××607.241	××891.110		18.7	54.2		−0.3
	检测	××607.274	××891.067		18.4			

测量单位：

第三节　工程难点与对策

实例1——某大学新校区绿化景观工程测量

　　大学校区的绿化景观工程测量，是一项测量内容多、测量周期长的工程，从进场开始，就需要全面策划、周全考虑，从控制网的精度、施工测量的需求、沉降观测的特点等分项内容出发，做到一次测量，全周期、全项目的利用。工程的主要测量技术难点在于：控制网布设位置合理且精度满足施工需求；施工轴线放样时，不同情况下灵活选用适合的放样方法；土石方量测量时，注意一些关键环节；沉降观测时，重点关注影响变形数据失真的关键点。

1. 大型园林景观工程测量中控制网的设计问题与对策

　　大型园林景观工程测量中，控制网的测设至关重要。控制网的精度等级、控制点的密度、控制点的位置、控制点的标志及保存周期，都是需要考虑的问题。既要考虑到施工各项测量内容对控制网的精度要求，又要考虑到施工区域的大小、形状以及施工周期内点位的长久保存问题，在上述指标的基础上，考虑经济成本和测量效率，方为最佳的设计思路。

　　通常情况下，测区范围不大且通视情况良好的情况下，可以直接设计首级控制网，兼做施工控制网即可。当测区较大、施工的项目较多、通视情况较差时，首级控制网由于卫星信号、设计边长、网型结构、通视情况等原因，难以兼顾到施工范围内的各细部区域，可先设计覆盖全区域的首级控制网，作为全区的基础控制网。在首级基础控制网下再测设加密网，作为施工控制的依据。

2. 工程轴线测设方法的选择问题与对策

　　工程放样是最基础、最普遍的一项测量工作。对于一个综合项目来说，轴线可能不规则，此时需要根据轴线的设计关系，综合考虑。可能将施工范围划分为多个区域，每个区域形成一种轴线关系，根据其轴线关系建立独立坐标系，每个独立坐标系又与工程坐标系建立相对转换关系；具体作业时，根据工程坐标系，放样出独立坐标系的关键点位，再以所测设的独立坐标系的关键点位为基础，逐一测放本区域的轴线。

　　对于局部区域内的轴线测放，当主轴线已测设完成后，细部轴线可采用多种灵活方法测设。距离交会法定点、用坐标网放线等方法，简单便捷，速度快，可很好地解决一些现场通视等问题。

无论采取何种方法测设轴线，均需对测设的轴线进行验测，包括图形关系验测、边长验测、角度验测、对角线验测、总长与分尺寸验测等。只有经过验测无误后，才能作为工程施工的位置基准。

3. 土石方量测量中经常出现的问题及对策

某些情况下，甲方提供了初始地形图，测量人员需要基于提供的地形图计算土石方量。此时，容易出现的问题及对策见表8-29。

土石方量测量中常见的问题及对策列表　　　　　表 8-29

序号	问题	对策
1	地形图的比例尺是否满足土石方量测量的精度要求	比例尺不小于1：500
2	地形图的等高距是否满足方量测量的精度要求	等高距不大于0.5m
3	地形图的现势性及精度是否满足土石方量测量的精度要求	需要现场检测查图，现势性完好，达到1：500地形图的精度要求
4	地形图的高程点密度是否满足土石方量测量的精度要求	需要加密高程点，高程点相对均匀，点位密度达到1点/10m，且在地形地貌特征点及坎上、坎下、坡顶、坡底等位置测量高程点
5	范围边界的要求	范围边界要准确无误，且各次比对计算的范围边界要一致

实例2——某市政道路施工前期植被绿地树木的调查与测绘

植被绿地树木的调查与测绘，是一项集林学、测量学、计算机科学于一体的多学科融合技术。工程的主要测量技术难点在于：树木植被种类众多，准确的识别树木植被种类，对测量人员来说是一个比较棘手的问题。

针对该技术难点，对本工程制定了以下作业流程和方法以解决上述问题。

1. 植被树木的名称辨识及测量精度问题与对策

根据××市园林局的技术要求，植被分为以下五大类，各类植被的测量项目见表8-30。

植被分类及测绘内容列表　　　　　表 8-30

植被类型		测量内容					备注
		平面位置	高度	胸径	种植面积	种植长度	
乔木	常绿乔木	△	△				
	落叶乔木	△		△			
灌木	常绿灌木	△	△				
	落叶灌木	△	△				
花卉	色带		△			△	种植宽度<0.5m
	色块				△		种植宽度≥0.5m
宿根			△		△		
草坪					△		

注：表中"△"表示应实地测量的项目。

各类测绘项目的测量精度及数据取位要求见表8-31。

测绘项目及精度要求列表

表 8-31

测量项目	代码	单位	测量取位	测量精度	汇总进级
占地范围边界点	X	m	0.001m	平面精度 5cm	
	Y	m	0.001m		
植被平面位置	X	m	0.001m	平面精度 5cm	
	Y	m	0.001m		
植被高度	H	m	0.1m	5cm	0.5m
植被胸径	D	cm	0.1cm	0.5cm	5cm
植被种植面积	S	m²	0.1 m²	界址点平面精度 5cm	0.5 m²

自然界植被树木种类繁多，测量人员如何能够快速、准确辨认植被树木的种类名称？刚开始作业的测量技术人员，容易认错植被种类。通过长期的作业经验，总结出以下对策：（1）收集所在城市的植被树木种类名称汇总；（2）在日常生活及作业中，不断总结各类植被树木的形状特征，强化记忆；（3）移动端安装植被树木的辨认程序，借助手机App，通过移动端拍照及移动端程序辨别树种。

2. 各类现场条件环境下，植被树木坐标采集难的问题与对策

随着 RTK 技术的发展，只要现场条件允许，基本上都采用 RTK 采集坐标。然而，植被树木众多，大树树冠遮挡 RTK 信号，造成 RTK 无法接收信号的问题。根据经验，灵活选用坐标采集的仪器设备，采用适合现场的采集方法，更能高效完成数据采集工作。

由于树木为圆形实心形状，跟踪杆不能置于其中心，因此，直接采集到的平面坐标，不是树木的中心坐标，而是要偏心一个数值（树木的半径）。采用 RTK 测量时，外业注记回偏方向和回偏值，内业数据处理时将坐标解算至树木中心位置；采用全站仪测量时，使用全站仪的偏心测量功能（偏距测量或偏角测量），全站仪自动解算并存储至全站仪中。下载至计算机中的坐标，即为树木中心位置的平面坐标。

3. 植被树木密集，内业数据处理效率低的问题与对策

现场采集形成的两个数据文件：植被树木的大小尺寸量测记录（××.xls）、植被树木的平面位置数据（××.dat）。上述两个文件下载到计算机中，需要在 CAD 中绘制树位图，在 Excel 中生成统计汇总表。人工统计汇总、人工连线绘制树位图，在植被树木较少时尚可；当植被数据较多时，人工统计、绘制效率低且出错率高。为此，我们开发了城市园林数据处理程序：利用 AutoLisp 编程开发的 AutoCAD 程序调用各测点的定位坐标及对应的编码数据，直接生成各植被、树木的平面位置图；通过 Excel 二次开发，自动生成植被树木汇总表和统计表，并在人工参与的情况下，快速程序自检，图表数据一致，达到半自动化的错误查找。通过上述流程，在提高作业效率的同时，确保了数据的一致性和准确性。程序自动绘制树位图如图 8-12 所示。

4. 工程项目与城市园林管理单位的园林数据库对接的问题与对策

某些城市的园林数据，通过专用的 GIS 数据库进行动态管理。城市内各个街道、各条道路上的植被树木，其信息数据都在数据库中有档案数据。一旦市政工程涉及植被树木的伐移，都需要经过园林管理部门的审批。审批时，测绘的植被树木信息均要在园林数据库中进行更新，包括工程名称、工程范围、具体涉及的植被树木种类、各种类的数量、逐

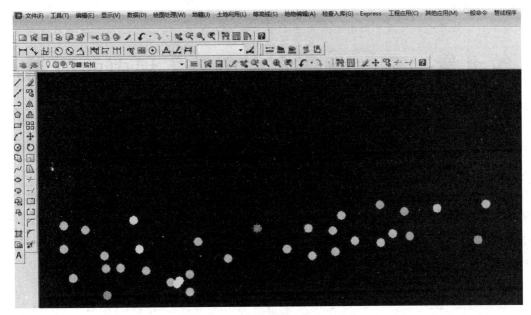

图 8-12　程序自动编绘树位图图示

棵树木大小、伐或移的去向和时间等。因此，植被树木测量的成果，应进一步生成城市园林树木 GIS 管理系统要求的数据库格式的数据库，以便入库管理。

第九章 测绘新技术在市政工程中的应用

第一节 无人机测绘技术

近年来，自动化测绘技术发展迅速，尤其是无人机技术在测绘领域的应用越来越多，应用范围越来越广。在市政工程测量方面，从前期的鸟瞰图摄影、道路线路选线、勘界测量、地形图测绘，到后期的竣工测量等一系列过程，都可以利用无人机技术进行测绘作业。

1. 无人机技术概述

传统的航空摄影测量，都是基于大飞机平台，采用物理投影获取相片，通过手工内业处理，生成模拟成果。随着无人机技术的发展、通信技术和 GNSS 技术水平的提高，目前已经发展到外业直接获取数字化影像，内业数据自动化操作加少量的人工干预处理、直接生成数字产品的数字摄影测量阶段。尤其是近期出现的加载多镜头、机载 GNSS 的无人机倾斜摄影测量，测量精度高、自动化程度高、作业效率高，越来越受到测量工作者的青睐。

2. 无人机摄影测量原理

无人机摄影测量就是通过外业无人机按设定的航线飞行，连续拍摄高分辨率的数字像片，根据相同地物在不同像片上的同名像点，形成立体像对，通过地面坐标系、像片坐标系、相机（摄影）坐标系之间的坐标转换，依据像点、投影中心、物点共线方程，解算出拍摄时像片的方位、物点坐标。无人机拍摄的原理图如图 9-1 所示。

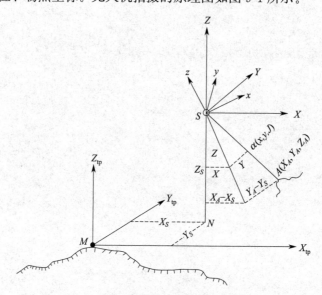

图 9-1　航空摄影测量数学模型原理图

像点、投影中心、物点共线方程见式(9-1)。

$$\frac{X}{X_A - X_S} = \frac{Y}{Y_A - Y_S} = \frac{Z}{Z_A - Z_S} = \frac{1}{\lambda} \tag{9-1}$$

依据式(9-1)，用地面点坐标表示像点坐标的共线方程见式(9-2)，用像点坐标表示地面点坐标的共线方程见式(9-3)。

$$\left. \begin{array}{l} x = -f \dfrac{a_1(X - X_S) + b_1(Y - Y_S) + c_1(Z - Z_S)}{a_3(X - X_S) + b_3(Y - Y_S) + c_3(Z - Z_S)} \\[4mm] y = -f \dfrac{a_2(X - X_S) + b_2(Y - Y_S) + c_2(Z - Z_S)}{a_3(X - X_S) + b_3(Y - Y_S) + c_3(Z - Z_S)} \end{array} \right\} \tag{9-2}$$

$$\left. \begin{array}{l} X - X_S = (Z - Z_S) \dfrac{a_1 x + a_2 y - a_3 f}{c_1 x + c_2 y - c_3 f} \\[4mm] Y - Y_S = (Z - Z_S) \dfrac{b_1 x + b_2 y - b_3 f}{c_1 x + c_2 y - c_3 f} \end{array} \right\} \tag{9-3}$$

机载导航及姿态测量系统的无人机，飞行中利用导航装置实时接收地面发送的无人机运动速度和时间信息，并在拍摄像片的同时，利用姿态测量系统的惯性测量单元感测飞行器的加速度来获取实时的飞机及相机的速度、位置和姿态等信息参数。从而可以减少地面像控点甚至不用像控点，更能提升外业作业效率。

对于加载多镜头相机的无人机，通过多镜头拍摄的影像，拍摄飞行过程中垂直、前视、后视、左视、右视五个方向，可以获取地物的大小、位置、尺寸、纹理、侧立面等信息，经过内业计算和数据处理，可以生产出数字表面模型及数字正射影像图，以及点云数据和地形线划图数据。

3. 无人机摄影测量作业流程

（1）收集资料

收集资料主要包括两个过程：室内收集和现场踏勘收集。

室内收集是收集文件、以往的数据图件、中小比例尺地形图、首级控制数据、测区地理及气候资料等数据。现场踏勘收集是指经过实地踏勘，主要对现场地形情况、测区交通情况、建（构）筑物分布、地上植被覆盖情况、测区高低起伏情况等有所了解。

通过收集资料，可以编制较为契合现场情况的无人机测绘方案，以此作为后续作业的技术依据。

（2）测前准备

测前准备主要包括三个过程：仪器设备准备、人员准备、制订工期计划。

根据项目的作业内容及工期要求，在编制方案中，进行项目的组织计划编制，对投入的人员进行技术培训，对仪器设备进行现场检验，确保按照技术方案的流程作业。

（3）航测外业实施

根据收集到的控制资料，结合测区范围内的地形情况，进行平面控制网和高程控制网设计，实地控制测量和内业平差计算。

根据收集到的小比例尺地形图，进行航线设计。

按照技术要求进行外业航摄测绘，重点关注现场气候情况、各项参数要求。对于不合格的影像及时重新安排架次飞行，直至合格为止。

（4）航测内业处理

外业无人机航拍的影像利用软件进行镶嵌拼接处理，经过导入控制点、初始化处理、空三加密等处理之后生产数字表面模型及数字正射影像图。然后利用软件提取测区点云数据，最后导入地形图绘制软件生成高程点及等高线，以及地形图数据。

4. 无人机摄影测量作业案例

（1）工程简介

为开展综合保护利用工作，××长城保护中心计划对所辖区域的××段长城遗址进行修缮治理。修缮治理前，需要进场前期勘察测绘，为保护工程设计提供图纸资料。测绘工作内容包括控制测量、航空摄影测量（DOM 正射影像）、倾斜摄影测量（三维模型）、1：500 地形图测绘、断面测量。

修缮段位于北纬 39°3×′××″、东经 111°4×′××″，长度 1.1km，长城墙体沿着山势修筑，现墙体、烽燧、敌台、马面等多有坍塌损坏，但长城整体走向清晰，尤其是局部墙体及烽燧等遗存的保存规格较为完整，文物价值尤为突出。现场现状如图 9-2 所示。

图 9-2　××段长城遗址现状图

（2）作业技术方法

根据项目的具体情况，制定如下的技术路线和方法：控制测量中，平面控制测量采用静态 GPS 网（D 级）＋加密导线（三级），高程控制测量采用水准测量（四等）＋局部三角高程（四等）；1：500 地形测绘（考虑到测区遮挡较多，因此采用 RTK、全站仪测绘地形图，并用后期构建模型的点云数据进行地形图精度检核）；MD4-1000 型无人机拍摄鸟瞰图，EBEE 无人机拍摄 DOM 正射影像，HARWAR 四旋翼 MEGA 型无人机倾斜摄影测量；利用 Context capture 软件进行空中三角测量，通过 ContextCapture 软件构建三维模型。

（3）作业流程

××段长城遗址保护工程测量的整体流程如图 9-3 所示。

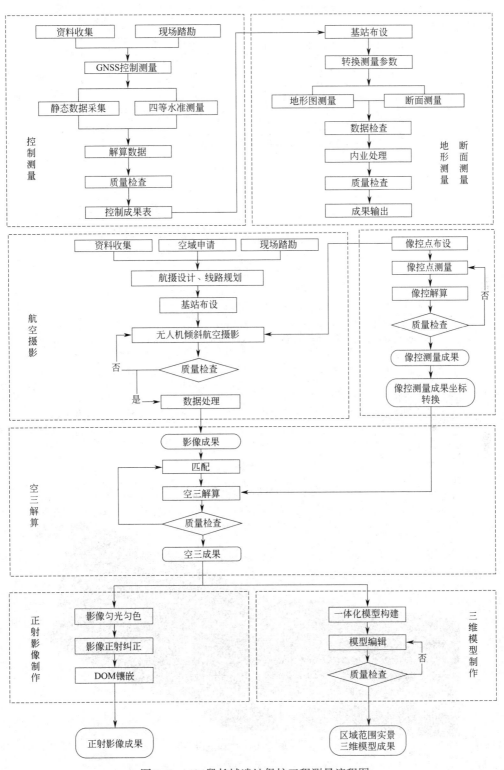

图 9-3 ××段长城遗址保护工程测量流程图

（4）相关数据及指标

本工程测量的部分相关数据见表 9-1、图 9-4～图 9-11 所示。

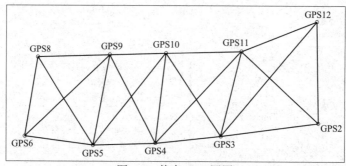

图 9-4　静态 GPS 网图

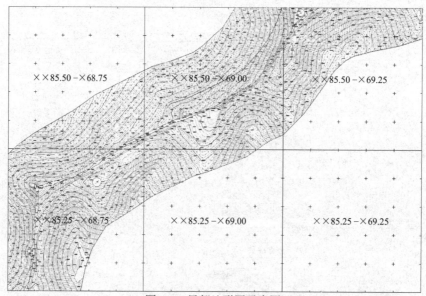

图 9-5　局部地形图示意图

图 9-6　航空摄影规划范围图

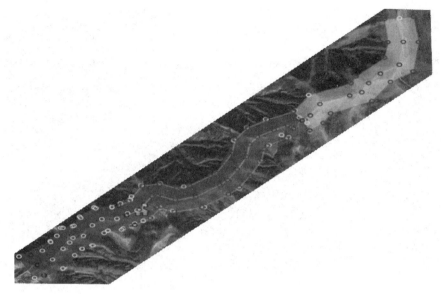

图 9-7　航线设计图

图 9-8　像控点测量现场图

图 9-9　正射影像图

图 9-10　鸟瞰图

图 9-11　三维模型图

××段长城保护工程控制点成果表　　　　　　　　　　　　表 9-1

点号	X 坐标(m)	Y 坐标(m)	高程(m)
GPS2	××497.772	××943.017	
GPS3	××731.619	××973.377	
GPS4	××239.485	××410.660	
GPS5	××964.266	××433.599	
GPS6	××446.322	××425.611	1452.775
GPS8	××972.890	××607.720	1331.676
GPS9	××503.440	××699.652	1347.663
GPS10	××653.280	××336.283	1360.769
GPS11	××521.168	××951.200	
GPS12	××365.996	××862.400	

第二节　三维激光扫描技术

随着科学技术不断发展，测绘技术也不断更新突破，测绘领域的高精度设备也越来越多，三维激光扫描仪就是其中之一。作为一种新的数据采集设备，三维激光扫描仪通过发射激光来扫描被测物体的表面三维数据，快速、精准和高效地测量目标，对获取的数据进行处理、计算和分析，实现"实景复制"，它突破了传统的测量和数据处理方法，利用处理后的数据结合综合技术可实现被测目标体的三维建模与重塑。

在市政道路工程中，三维激光扫描技术可以进行路面质量检测、工程构件模型检测、工程土石方量测量、竣工三维模型、竣工验收等各方面的测量工作。

1. 三维激光扫描技术概述

三维激光扫描技术主要是通过激光扫描对目标的整体或局部进行高精度测量，以获得目标的线、面、体、空间等三维数据，然后在计算机系统中重建目标的三维模型与数据。在目标数据的采样中，采样点分布可以称作"点云"。

三维激光扫描核心技术是空间点阵扫描，主要是根据扫描仪器与目标的距离对采样点的大小进行划分。实际工作中，根据不同的对象以及精度要求，激光扫描一般分为远、中、近三种距离，其中，中、远距离常用于大型目标的测量，近距离则常用于小物体的精确建模。

2. 三维激光扫描原理

扫描仪、电源供应系统和控制器是地面三维激光扫描系统的三个主要组成部分。其中，扫描仪在使用过程中应用的是内部独立的坐标系统，以仪器为坐标原点 O，X 轴在横向扫描面内，Y 轴在横向扫描面内与 X 轴垂直，Z 轴与横向扫描面垂直。如图 9-12 所示，在 XOY 平面及其垂直面各有一个反射镜，在进行测量作业时可快速旋转，使激光依次扫过被测区域，系统自动同步测量各激光脉冲的空间距离 S、水平角 α 和竖直角 β。

由图 9-12 中可计算出目标 P 点的坐标（X_p，Y_p，Z_p），见式(9-4)。

$$\left. \begin{array}{l} X_p = S\cos\beta\cos\alpha \\ Y_p = S\cos\beta\sin\alpha \\ Z_p = S\sin\beta \end{array} \right\} \qquad (9\text{-}4)$$

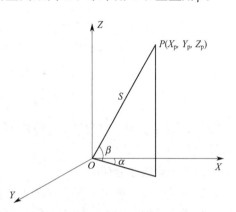

图 9-12　三维激光扫描仪原理图

由于道路工程属于大型带状结构，加之三维激光扫描仪有限的激光射程只能测量到一定的长度，因此在实际工作中普遍需要用到多站测量。此时要通过布设靶球或者根据两站间重合的特征点、特征面进行两站之间的拼接最终形成测区的完整三维扫描场景信息。

3. 三维激光扫描作业流程

（1）外业数据采集

道路工程在进行多站测量时，实际的扫描测量距离往往是有限的，也因此造成各个激光扫描仪与扫描目标间夹角各不相同的情况，进而导致空间分辨率的差异。同时，其夹角越大分辨率越高。另外，在道路工程测量中，还受到遮挡物的影响，存在激光不能通过障碍物的情况。因此测量一条道路需要设置很多的测站，如何将各测站的数据连成一体，就需要靶球来完成，根据扫描仪的测程，在各相邻测站的重合位置布设至少 3 个不规则图形的靶球，供后续处理时点云拼接。

三维激光扫描作业的外业作业流程如图 9-13 所示。

（2）确定采样间隔与扫描作业

采样点的间隔设置是在实际道路工程测量中应用三维扫描技术的关键，间隔过疏或过密都会严重影响到其测量精度，进而导致后期数据处理时误差的产生。尤其是当采样点设置过于密集时，其庞大的点云数据往往会大幅度提高数据传输、存储以及处理的复杂程度，并造成测量效率的降低。通常情况下，若是道路前方无障碍，只要每个测站点的测量距离在 $40\sim60m$ 范围内，必须保证相邻测站有一定的点云重

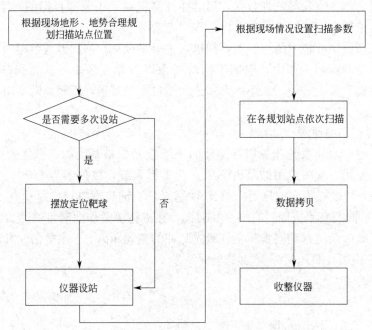

图 9-13　三维扫描外业作业流程图

叠部分；如果道路前方存在一些障碍，则可以适当缩短扫描的距离，直至完成整个道路测绘任务。

（3）内业数据处理

通常情况下，使用地面三维激光扫描仪收集到的数据中会包含树木、车辆、行人等无用的非道路数据，进而造成庞大的数据处理量。因此，在进行数据处理时，首先要将无用的信息剔除，然后再对有用的信息进行分析。数据剔除的过程也叫作数据滤波，主要利用的是噪声数据不连续、无规律、稀疏与杂乱的特点。

（4）点云拼接

从各个测点上扫描到的点云数据，需要通过靶球将这些数据拼接成连贯的数据，这个过程为点云拼接，然后通过控制点构建三维坐标，将拼接后的点云放入三维坐标系中。

（5）平面虚拟测量

点云数据由测量坐标点位组成，尚且不能形成有参考价值的信息，因此还需要结合使用相机拍摄的图像，通过计算机处理平台，将拼接的点云数据与影像结合，将这些数据在实景中标识出来，标明高程点信息，形成所需的地形图。

（6）建模并生成等高线以及纵横断面图

经过点云拼接以及虚拟测量后形成的数据是一种不规则的空间数据，需要对其进行优化，即测绘得出的等高线绘制出具体的横纵线平面图。平面图完成后即可根据实际需求设置等高线的间距，然后根据道路设计的要求确定断面的间距以及断面的宽度，以形成任意纵横断面图。

4. 三维激光扫描桥梁构件安装检验实例

某市政道路桥梁工程施工中，由于大型桥梁工程对构件质量要求较高，需要高精度检测钢构件制造厂供应的钢构件（大小为 3m×3m×7m）。检测过程使用三维扫描仪，采用三维扫描技术，精细扫描钢构件的各个部位，通过内业构件模型，并与其设计图进行精细比对，完成对构件的细部形状、结构尺寸检测验收。

（1）构件及扫描对现场的要求

钢构件结构如图 9-14 所示。

图 9-14　特大型桥梁工程大型钢构件图示

扫描检测的重点为钢构件整体尺寸、其上部各细部构件（图片钢构件上部牛腿）的位置及尺寸。扫描时使用龙门吊将钢构件吊起放置在相对平坦的位置，以便在周围放置扫描标靶及扫描仪。

（2）现场扫描

扫描开始前，对仪器设备进行检校。在作业过程中随时进行各项指标的检测。检测中用到的仪器设备见表 9-2。

构件检测扫描仪器设备　　　　　　　　　　　　表 9-2

仪器设备名称	仪器设备示意图	参数与用途
Trimble SX10		测角精度： 0.5″或 1″(0.15mgon 或 0.3mgon) 角度显示： 0.1″(0.01mgon) 自动水准补偿器精度： 0.5″(0.15mgon)，补偿范围：±5.4′(±100mgon) 测距精度： 棱镜模式标准 1mm+1.5 ppm DR 模式标准 2mm+1.5 ppm 测程： 棱镜模式单棱镜 1m～5500m

由于钢构件比较复杂，需要将钢件摆放到一个合适的位置，为扫描仪提供良好的视

野。查看现场并充分考虑细节位置的遮挡情况后在钢构件周围依次架站扫描，最终完成现场扫描工作。

（3）数据处理

内业使用 TBC 软件，对扫描数据进行滤波、去噪、标定、拼接等一系列操作，得到高精度的点云数据。通过 Trimble RealWorks 实现点云过滤、匹配颜色、多站自动拼接和建立模型。项目扫描建成的模型如图 9-15 所示。

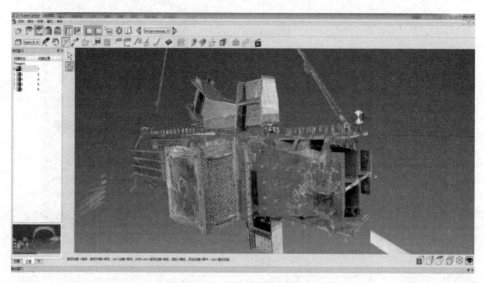

图 9-15　大型钢构件数据模型

对于生成的数据模型，通过 TBC 软件的项目管理、测距、三维点云展示、三维空间分析、竣工数据与设计对比等功能，对模型进行距离尺寸量测、与钢结构设计模型进行对比，即可反映出钢件的尺寸误差，并能够将误差用彩色图表示。具体如图 9-16、图 9-17 所示。

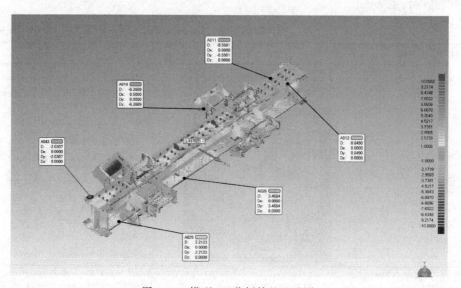

图 9-16　模型 3D 分析偏差显示图

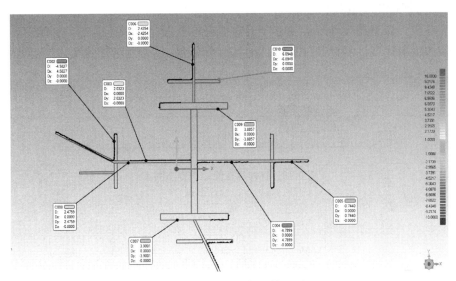

图 9-17　模型 2D 断面偏差图

（4）案例结论

通过偏差检测可以清楚地反映钢构件的生产质量，不仅可以直观地看到偏差色谱，也可以分析具体位置量化的三维偏差（如某一个断面的偏差）。在保证工程质量的同时，也能更好地指导生产。

第三节　地下管道三维轨迹惯性定位测量技术

对于埋深较大的管线，尤其是深埋的非金属管线，施工后的管线定位、竣工测量是一个技术难点问题，传统的探测方法难以准确探测其平面位置及埋深。三维轨迹惯性定位技术可较好的补充传统管线探测技术的不足，能有效解决大深度、非金属管线的定位问题。

1. 地下管道三维轨迹惯性定位测量技术简介

陀螺技术在我国最早应用于国防、航空、航天领域，近年来逐渐引入到民用领域。陀螺仪具有定轴性和进动性特征，三维轨迹惯性定位技术是根据陀螺仪的上述特点，利用惯性定位测量方法，通过采集定位装置的空间位置及姿态，经过通信传输、数据计算处理、数据成果输出等一系列过程，测量管线传感器在运行过程中的运行轨迹，从而测定待测目标的三维坐标位置的技术过程。惯性传感器一般为陀螺仪和加速度计，内置惯性测量装置，可对自身三轴姿态角（或角速度）、当前加速度、行进里程进行测量，通过积分算法对这些姿态量进行分析和计算，从而获得传感器的运行轨迹及待测目标位置的三维坐标。

（1）惯性定位计算基本原理

惯性定位就是通过加速的双重积分确认其位置，其数学计算见式(9-5)。

$$\triangle x(t_k)=x(t_k)-x(t_0)=v(t_0)\cdot(t_k-t_0)+\int_{t_0}^{t_k}\int_{t_0}^{t_k}a(t)\mathrm{d}t\,\mathrm{d}t \tag{9-5}$$

上式中，t_0 为初始时间，t_k 为当前时间，$v(t_0)$ 为 t_0 时刻的速度，$x(t_0)$、$x(t_k)$ 分别为 t_0、t_k 时刻的位置，$a(t)$ 为当前加速度，$\triangle x(t_k)$ 为位置的变化量。

（2）一维惯性定位的计算

图 9-18 中，做直线运动（运动方向不变）的物体 A，初始位置 x_0，初始速度 v_0，物体 A 上装一个加速度计测量其加速度，则其所行里程 x_t 可通过加速度 a_x 与时间 t 的积分求得，具体见式(9-6)。

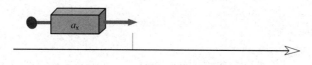

图 9-18　直线运动物体的姿态图示

$$\left.\begin{aligned} v_t &= \int a_x \mathrm{d}t + v_0 \\ x_t &= \int v_t \mathrm{d}t + x_0 = \iint (a_x \mathrm{d}t + v_0) \mathrm{d}t + x_0 \end{aligned}\right\} \tag{9-6}$$

（3）二维惯性定位的计算

图 9-19 中，平面内运动（始终在该平面内运动）的物体 A，物体 A 上装两个加速度计测量其两个方向的加速度 a_x 和 a_y，安装一个陀螺仪测量垂直于运动平面的旋转角度 g_z。其位置（x_t，y_t）的计算见式(9-7)。

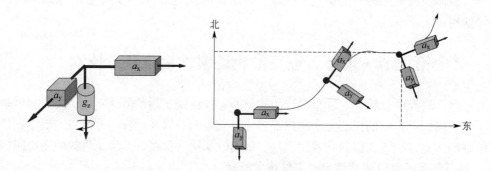

图 9-19　平面内运动物体的姿态图示

$$\begin{bmatrix} x_t \\ y_t \end{bmatrix} = \iint \begin{bmatrix} \cos A & -\sin A \\ \sin A & \cos A \end{bmatrix} \cdot \begin{bmatrix} a_x \\ a_y \end{bmatrix} \mathrm{d}t\,\mathrm{d}t + \int \begin{bmatrix} v_x\,0 \\ v_y\,0 \end{bmatrix} \mathrm{d}t + \begin{bmatrix} x_0 \\ y_0 \end{bmatrix} \tag{9-7}$$

（4）三维惯性定位的计算

管道三维轨迹惯性定位仪的核心部件是方向测量器，它由 3 个陀螺仪和 3 个加速度仪构成。如图 9-20 所示，3 个陀螺仪用于确定惯性定位装置的姿态，其通过测量定位仪相对惯性空间的 3 个旋转角速度 ψ（包括水平角（Heading）、俯仰角（Pitch）和侧滚位置（Roll）的变化）实现；3 个加速度仪用于测量 3 个线加速度沿定位仪坐标系的分量，通过积分运算，得到定位装置位置的变化，加入初始位置的经纬坐标，得到定位装置当前位置的地理坐标。

2. 管道三维惯性定位仪的组成及技术参数

从系统构成看，惯性管线定位系统由硬件和软件两部分组成。硬件包括数据采集端、

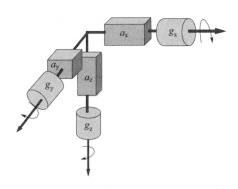

图 9-20　三维空间内运动物体的姿态图示

电脑主机、控制器和数据通信单元；软件安装于电脑主机，用于对测量单元采集的数据进行处理计算并生成点坐标和管线空间图形图。以某检测装备技术有限公司生产的 DT-GXY-200B 型管道三维姿态测量仪为例，具体如图 9-21 所示。

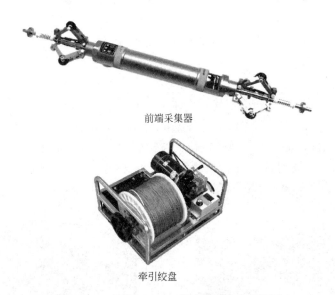

前端采集器

牵引绞盘

图 9-21　DT-GXY-200B 管线惯性定位仪图示

DT-GXY-200B 管线惯性定位仪的技术参数见表 9-3。

DT-GXY-200B 管线惯性定位仪技术参数表　　　　　　　　　　表 9-3

型号	DT-GXY-200B
测量精度	水平±25cm±0.2%D,高程±20cm±0.1%D (其中:$D=L-100$m,L 为管道长度,$L\leqslant100$m 时,$D=0$)
量程	600m
采集频率	125Hz
穿梭速度	<2m/s
适应管径	80~600mm

型号	DT-GXY-200B
数据输出	图形、报表
电池续航	＞6h
数据接口	USB 2.0
储存温度	−10～50℃
操作温度	−10～60℃
防护等级	IP68
仪器重量	2kg
仪器尺寸	长度最小约 850mm,直径因支架而改变

3. 管道三维惯性定位仪的作业过程

管道三维惯性定位仪作业分测前准备、现场作业、后期数据处理三个环节。

（1）测前准备

重点准备三项内容：数据收集方面，收集现场大比例尺地形图数据、采集管道进出口两处的平面坐标和高程数据；现场清理方面，清理管道内的淤泥等堵塞物，确保采集端能顺畅进出管道；定位仪检查方面，电源充足，连接有效，数据通信正常，各元件能正常运行。

（2）现场作业

现场作业时，将各元件依次连接，将采集端植入管道入口端，开机待数据通信正常后，拖拽定位仪匀速前行，陀螺仪记录各位置的轨迹数据。运行至管道出口处，完成一次测量。如此往返两次以上，既检核了定位测量的准确性，又提高了定位精度。现场定位测量如图 9-22 所示，现场测量如图 9-23 所示。

图 9-22　DT-GXY-200B管线惯性定位图

图 9-23　RTK 现场测量管线惯性定位已知位置

（3）数据处理

外业测量作业结束后，进行内业数据处理。运行计算机中的内业处理软件，将陀螺仪记录各位置的轨迹数据导入计算机，并选取收集到的大比例尺地形数据，输入管道出口、入口处的平面坐标和高程数据，自动计算出待测管道各处的平面坐标和高程，并自动绘制出管道平面图及管道纵断面图。

4. 管道三维惯性定位仪的作业案例

某段燃气管线，长度 421m，DN200 钢管，采用顶管方式施工埋设。由于其埋深较深

（最深处高程为−8.09m），受现场条件所限，传统的探测方法难以方便快捷地探测其准确的位置。考虑到惯性定位技术比较适宜该条件的探测定位，决定采用惯性定位技术进行探测。

工程使用 DT-GXY-200B 三维惯性定位仪进行测量定位探测，共 3 次往返测量，以卷扬机牵引，整体操作规范，第 2 次往返测量中轮系密贴稍差。

通过解算，得到 6 条管道中心轨迹，水平最大偏差 0.65m，高程最大偏差 0.32m，均在精度标称范围内（水平允许偏差限差为±0.25±321×0.2％＝±0.89m；高程允许偏差限差为±0.20±321×0.1％＝±0.52m）。最大偏差如图 9-24 所示。

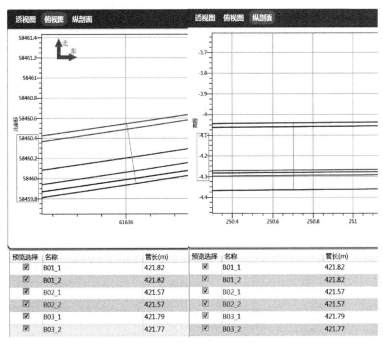

图 9-24　最大偏差处放大图

为提高置信度，以 6 条轨迹拟合作为成果输出，得到管道长度为 421.72m，最深处高程为−8.09m（注：管头高程 3.29m，管尾高程 3.16m）。

3 次往返测量的里程曲线图如图 9-25～图 9-27 所示。

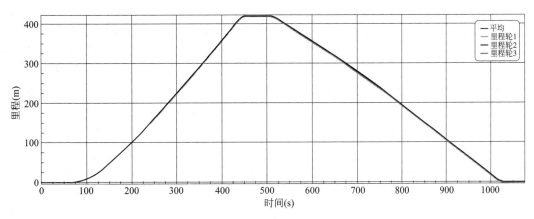

图 9-25　第 1 测回里程曲线图（用时 1075 秒）

129

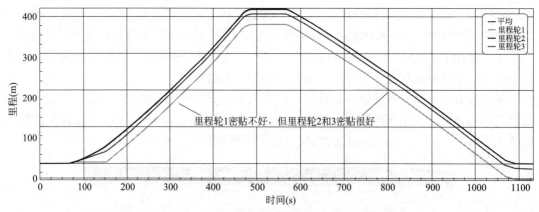

图 9-26 第 2 测回里程曲线图（用时 1131 秒）

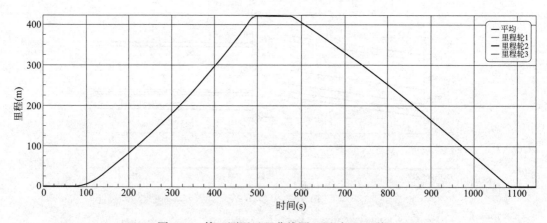

图 9-27 第 3 测回里程曲线图（用时 1142 秒）

此次测量过程规范流畅，保证了 2 次以上的往返测次数。3 个测回中，除第 2 测回操作略不理想，但数据效果依然不错，说明仪器具有较好的适应能力。6 条轨迹重复性高，数据均有效，数据质量高，非常有利于仪器性能分析。结果表明，仪器的实测结果达到了标称精度，数据具有很好的完整性与溯源性，可作为内外部评估仪器性能的重要依据。

工程探测成果如图 9-28～图 9-30 所示。

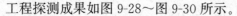

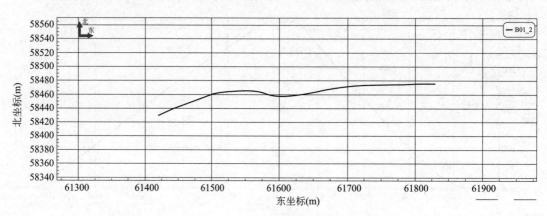

图 9-28 惯性探测管线平面图

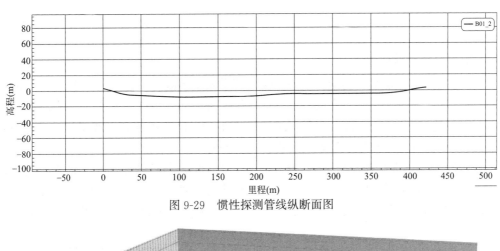

图 9-29 惯性探测管线纵断面图

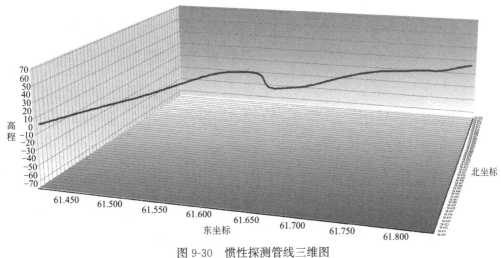

图 9-30 惯性探测管线三维图

管道三维惯性定位仪通过传感器置于目标管体内进行目标管道的测量定位，不受地下管线埋深及管线长度的限制，不受管道材质和管径大小的影响（管径大于80mm即可），不受外界电磁干扰影响，操作简便、定位精度高，定位数据由程序自动处理、自动生成三维空间数据。它较为完美地解决了传统管线探测技术的难题，越来越多地被应用到地下管线探测工程中，尤其是大埋深、新建成尚未运行管线的精确定位，效果明显。对于运行中的管线，需要停止运行、清理管内介质后才能测量。

第四节 管道机器人技术

近年来，人工智能技术发展迅速，传感器现场采集数据，经过数据传输、数据处理、数据分析，最终输出我们想要的各种结果。在测绘领域，经纬仪-普通全站仪-自动测量机器人（如leica2003全站仪），从人工观测数据，到仪器自动观测采集数据，从现场人工记录数据到仪器自动记录数据，从将数据从仪器中下载至计算机到现场观测的数据实时传输到办公室的计算机，从人工分析计算数据到计算机程序自动分析处理数据并输出结果，每个过程都是科技发展的应用和具体表现，极大地提高了作业效率，实现了高精度、自动化、实时性。

在管线数据采集方面，测量、监测等方面，都有不少自动化测量仪器设备。对于管道内部的破损、修复方面，最近也出现了一些新的技术、设备和方法。管道电视内窥检测系统（可称为管道机器人）就是其中的一种。

1. 排水管道非开挖修复流程

近年来全国不时发生大雨暴雨，频发排水管道安全事故。一方面是由于道路及市政管线等设施老旧，当时新建时考虑的各项指标较低，现在随着城市的发展，当时的指标已不能满足现在的要求；另一方面，管线等市政设施年久失修，内部破损或堵埋，水流不畅。故此各管理单位开始重视排水管道的隐患排查及修复。

排水管道修复分开挖修复和非开挖修复两种。由于非开挖修复具有环保、效率高、费用低的特点，故只要现场条件具备，一般都采用非开挖修复。通常情况，排水管道非开挖修复前，均进行清理疏通、检测确诊、制定方案、实施修复四个步骤，具体的工艺流程如图9-31所示。

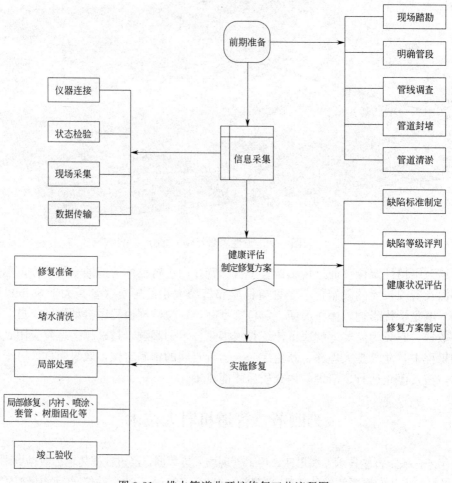

图 9-31　排水管道非开挖修复工艺流程图

2. 管道机器人信息采集

（1）非开挖修复前必须搞清楚的三个问题

从上面的工艺流程可以看出，排水管线埋设于地下，非开挖修复前需要搞清楚以下几个问题：

1）搞清楚有问题的管段；

2）搞清楚有问题的具体位置；

3）搞清楚具体是什么类型的缺陷问题。

只有搞清楚上述三点，才能制定修复方案、修复方法，并实施修复。传统的技术手段，要确定上述三点问题比较困难。现在，随着管道机器人的出现及非开挖技术的发展，利用影像可视化技术，可以很好地解决上述问题。

（2）管道机器人介绍

管道机器人技术是近些年才发展起来的一门技术，国外在 20 世纪 90 年代开始发展，国内最近十年才开始研究并应用。它集信息采集、信息传输、信息存储、信息处理四项内容于一个整体流程。

控制主机

爬行机器人

连接线缆箱

图 9-32　JDQD 管道机器人信息采集系统图

德国是较早开展这项技术的国家之一，目前我国的一些科研机构、专业公司已经研发了相关的仪器设备，并投入具体的工程应用中，达到了较好的实际效果。

管道内部信息采集设备也称管道机器人，从系统组成看，主要包括控制主机端、信息采集端、连接线缆三部分。以某仪器有限公司生产的 JDQD 管道潜望镜检测系统为例，具体如图 9-32 所示。

各部件的组成及技术参数见表 9-4。

JDQD 管道机器人技术参数表　　　　　　　　　　　　　表 9-4

	型号	KZ305
控制器	电池	内置锂电池,持续工作时间≥8 小时
	显示	12.1 寸工业级高亮液晶显示屏,分辨率 1024×768,下沉式遮光设计,具备防眩目功能,强光下可视;全中文菜单,可实时显示时间、电量、距离等信息
	存储	120G 固态硬盘存储器,2 个 USB 接口
	视频录像	可录像、拍照、添加工程信息、管道信息、文字输入并叠加到图像
	控制	摄像头调焦、变倍,灯光亮度调节,测距控制
摄像头	型号	ST305
	最小照度	彩色:0.051lx,黑白:0.011lx
	分辨率	210 万像素
	变焦能力	30 倍光学变焦,12 倍数字变焦
	对焦方式	自动对焦和手动对焦
	照明	14 颗高亮 LED,远光、近光各一组
	角度调整	调整范围向下 110°～向上 20°
	LED 灯光	远光:10×3W 近光:4×3W
	测距	量程 80m,精度±1mm
	防护等级	IP68
	工作温度	−10～50℃

管道机器人的信息采集过程如下：管道清洗完成、经检查现场具备机器人作业条件后，做好进场准备；现场连接仪器设备，开机后进行完好性检测与校准；各部件正常工作后，采集端爬行采集，同时实时传输数据至控制主机，发现异常点、异常管段时，详细拍摄采集；管段采集完成后，保存数据。图 9-33 为某工程的管道机器人数据采集现场，图 9-34 所示为管道机器人信息采集数据存储设置操作。

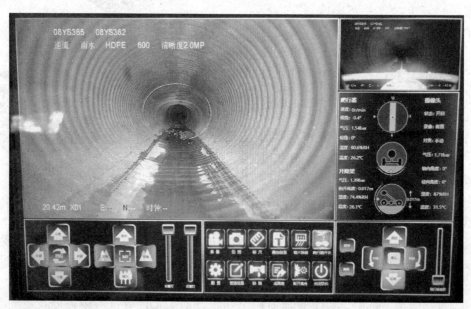

图 9-33　管道机器人信息采集作业现场

图 9-34　管道机器人信息采集数据存储设置

（3）管道机器人采集的典型管道缺陷实例信息

图 9-35～图 9-46 为某工程采集的管道缺陷情况的一些典型信息数据，这些数据翔实

地记载了管道的缺陷部位、缺陷类型、缺陷严重程度的信息，为管道的缺陷评估、缺陷修复提供了基础数据。

图 9-35　管道缺陷实例-腐蚀

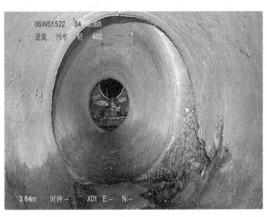

图 9-36　管道缺陷实例-错口

图 9-37　管道缺陷实例-变形

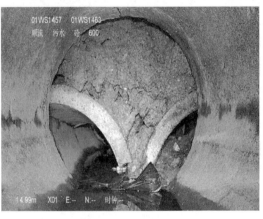

图 9-38　管道缺陷实例-接口材料脱落

图 9-39　管道缺陷实例-结垢

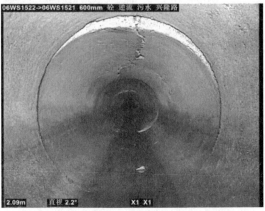

图 9-40　管道缺陷实例-破裂

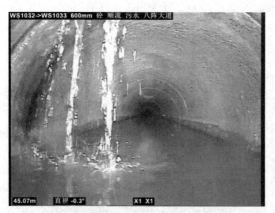

图 9-41　管道缺陷实例-渗漏

图 9-42　管道缺陷实例-异物穿入

图 9-43　管道缺陷实例-障碍物

图 9-44　管道缺陷实例-支管暗接

图 9-45　管道缺陷实例-残墙、坝根

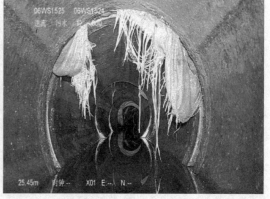

图 9-46　管道缺陷实例-树根

3. 管道信息数据的分析与处理

外业信息采集完成后，进行内业数据分析与处理，主要包括缺陷判读与状况评估。缺陷判读应在现场作业时进行初判，内业时进行详细判读，并根据缺陷的性质、大小、严重程度等进行缺陷分类。管道缺陷等级分类按表 9-5 的规定进行，结构性缺陷分类及其等级划分标准见表 9-6，功能性缺陷分类及其等级划分标准见表 9-7。

管道缺陷等级分类表

表 9-5

等级缺陷性质	1	2	3	4
结构性缺陷程度	轻微缺陷	中等缺陷	严重缺陷	重大缺陷
功能性缺陷程度	轻微缺陷	中等缺陷	严重缺陷	重大缺陷

结构性缺陷名称、代码、等级划分及分值

表 9-6

缺陷名称	缺陷代码	定义	等级	缺陷描述	分值
破裂	PL	管道的外部压力超过自身的承受力致使管子发生破裂。其形式有纵向、环向和复合 3 种	1	裂痕—当下列一个或多个情况存在时： (1)在管壁上可见细裂痕； (2)在管壁上由细裂缝处冒出少量沉积物； (3)轻度剥落	0.5
			2	裂口—破裂处已形成明显间隙，但管道的形状未受影响且破裂无脱落	2
			3	破碎—管壁破裂或脱落处所剩碎片的环向覆盖范围不大于弧长 60°	5
			4	坍塌—当下列一个或多个情况存在时： (1)管道材料裂痕、裂口或破碎处边缘环向覆盖范围大于弧长 60°； (2)管壁材料发生脱落的环向范围大于弧长 60°	10
变形	BX	管道受外力挤压造成形状变异	1	变形不大于管道直径的 5%	1
			2	变形为管道直径的 5%~15%	2
			3	变形为管道直径的 15%~25%	5
			4	变形大于管道直径的 25%	10
腐蚀	FS	管道内壁受侵蚀而流失或剥落，出现麻面或露出钢筋	1	轻度腐蚀—表面轻微剥落，管壁出现凹凸面	0.5
			2	中度腐蚀—表面剥落显露粗骨料或钢筋	2
			3	重度腐蚀—粗骨料或钢筋完全显露	5
错口	CK	同一接口的两个管口产生横向偏差，未处于管道的正确位置	1	轻度错口—相接的两个管口偏差不大于管壁厚度的 1/2	0.5
			2	中度错口—相接的两个管口偏差为管壁厚度的 1/2~1	2
			3	重度错口—相接的两个管口偏差为管壁厚度的 1~2 倍	5
			4	严重错口—相接的两个管口偏差为管壁厚度的 2 倍以上	10
起伏	QF	接口位置偏移，管道竖向位置发生变化，在低处形成注水	1	起伏高/管径≤20%	0.5
			2	20%＜起伏高/管径≤35%	2
			3	35%＜起伏高/管径≤50%	5
			4	起伏高/管径＞50%	10

续表

缺陷名称	缺陷代码	定义	等级	缺陷描述	分值
脱节	TJ	两根管道的端部未充分接合接口脱离	1	轻度脱节—管道端部有少量泥土挤入	1
			2	中度脱节—脱节距离不大于 20mm	3
			3	重度脱节—脱节距离为 20～50mm	4
			4	严重脱节—脱节距离为 50mm 以上	10
接口材料脱落	TL	橡胶圈、沥青、水泥等类似的接口材料进入管道	1	接口材料在管道内水平方向中心线上部可见	1
			2	接口材料在管道内水平方向中心线下部可见	3
支管暗接	AJ	支管未通过检查井直接侧向接入主管	1	支管进入主管内的长度不大于主管直径 10%	0.5
			2	支管进入主管内的长度在主管直径 10%～20%	2
			3	支管进入主管内的长度大于主管直径 20%	5
异物穿入	CR	非管道系统附属设施的物体穿透管壁进入管内	1	异物在管道内且占用过水断面面积不大于10%	0.5
			2	异物在管道内且占用过水断面面积为 10%～30%	2
			3	异物在管道内且占用过水断面面积大于30%	5
渗漏	SL	管外的水流入管道	1	滴漏—水持续从缺陷点滴出,沿管壁流动	0.5
			2	线漏—水持续从缺陷点流出,并脱离管壁流动	2
			3	涌漏—水从缺陷点涌出,涌漏水面的面积不大于管道断面的 1/3	5
			4	喷漏—水从缺陷点大量涌出或喷出,涌漏水面的面积大于管道断面的 1/3	10

注:当表中缺陷等级定义区域 X 的范围为 $x～y$ 时,其界限的意义是 $x<X \leqslant y$。

功能性缺陷名称、代码、等级划分及分值　　　　表 9-7

缺陷名称	缺陷代码	定义	等级	缺陷描述	分值
沉积	CJ	杂质在管道底部沉淀淤积	1	沉积物厚度为管径的 20%～30%	0.5
			2	沉积物厚度在管径的 30%～40%	2
			3	沉积物厚度在管径的 40%～50%	5
			4	沉积物厚度大于管径的 50%	10
结垢	JG	管道内壁上的附着物	1	硬质结垢造成的过水断面损失不大于15% 软质结垢造成的过水断面损失在 15%～25%	0.5
			2	硬质结垢造成的过水断面损失在 15%～25% 软质结垢造成的过水断面损失在 25%～50%	2
			3	硬质结垢造成的过水断面损失在 25%～50% 软质结垢造成的过水断面损失在 50%～80%	5
			4	硬质结垢造成的过水断面损失大于50% 软质结垢造成的过水断面损失大于80%	10

缺陷名称	缺陷代码	定义	等级	缺陷描述	分值
障碍物	ZW	管道内影响过流的阻挡物	1	过水断面损失不大于15%	0.1
			2	过水断面损失在15%~25%	2
			3	过水断面损失在25%~50%	5
			4	过水断面损失大于50%	10
残墙、坝根	CQ	管道闭水试验时砌筑的临时砖墙封堵,试验后未拆除或拆除不彻底的遗留物	1	过水断面损失不大于15%	1
			2	过水断面损失在15%~25%	3
			3	过水断面损失在25%~50%	5
			4	过水断面损失大于50%	10
树根	SG	单根树根或是树根群自然生长进入管道	1	过水断面损失不大于15%	0.5
			2	过水断面损失在15%~25%	2
			3	过水断面损失在25%~50%	5
			4	过水断面损失大于50%	10
浮渣	FZ	管道内水面上的漂浮物(该缺陷需记入检测记录表,不参与计算)	1	零星的漂浮物,漂浮物占水面面积不大于30%	—
			2	较多的漂浮物,漂浮物占水面面积为30%~60%	—
			3	大量的漂浮物,漂浮物占水面面积大于60%	—

注:当表中缺陷等级定义的区域 X 的范围为 $x\sim y$ 时,其界限的意义是 $x<X\leqslant y$。

　　管道缺陷评估一般采用专业的缺陷系统评估软件进行,人工进行综合整理与修正。下面为某项目的缺陷统计数据汇总图,结构性缺陷统计如图 9-47 所示,功能性缺陷统计如图 9-48 所示。

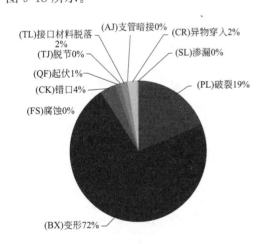

图 9-47　管段结构性缺陷统计汇总图

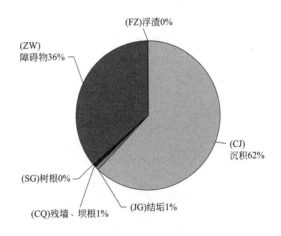

图 9-48　管段功能性缺陷统计汇总图

参 考 文 献

[1] CH/Z 3002—2010. 无人机航摄系统技术要求 [S]. 北京：国家测绘局，2010.

[2] CH/Z 3005—2010. 低空数字航空摄影规范 [S]. 北京：国家测绘局，2010.

[3] CH/Z 3017—2015. 地面三维激光扫描作业技术规程 [S]. 北京：国家测绘地理信息局，2015.

[4] CJJ 181—2012. 城镇排水管道检测与评估技术规程 [S]. 中华人民共和国住房和城乡建设部，2012.

[5] 王云江. 市政工程测量 [M]. 北京：中国建筑工业出版社，2012.

[6] 杨岚. 市政工程基础 [M]. 北京：化学工业出版社，2009.

[7] 韩山农. 公路工程施工测量 [M]. 北京：人民交通出版社，2004.

[8] 秦琨. 桥梁工程测量 [M]. 北京：测绘出版社，1991.

[9] 阚柯. 市政工程测量与施工放线一本通 [M]. 北京：中国建材工业出版社，2009.

[10] 周建郑. 建筑工程测量技术 [M]. 武汉：武汉理工大学出版社，2002.

[11] 李永树. 工程测量学 [M]. 北京：中国铁道出版社，2011.

[12] 崔希民. 测量学教程 [M]. 北京：煤炭工业出版社，2009.

[13] 赵长胜. GNSS原理及其应用 [M]. 北京：测绘出版社，2015.

[14] 张潇，赵风雷. 南水北调中线工程定线中RTK的应用及探讨 [J]. 测绘新技术应用交流会论文集，2006.

[15] 冯仲科. 测量学原理 [M]. 北京：中国林业出版社，2002.

[16] GB 50026—2020. 工程测量标准 [S]. 北京：中华人民共和国住房和城乡建设部，2021.

[17] CJJ 61—2017. 城市地下管线探测技术规程 [S]. 北京：中华人民共和国住房和城乡建设部，2017.

[18] CJJ/T 8—2011. 城市测量规范 [S]. 北京：中国建筑工业出版社，2012.

[19] 公路施工测量手册. 北京：人民交通出版社，2008.

[20] JTG C10—2007. 公路勘测规范 [S]. 北京：人民交通出版社，2007.

[21] GB 50755—2012. 钢结构工程施工规范 [S]. 北京：中国建筑工业出版社，2012.

[22] GB/T 18314—2009. 全球定位系统（GPS）测量规范 [S]. 江苏：凤凰出版社. 2009.

[23] GB/T 12897—2006. 国家一、二等水准测量规范 [S]. 国家测绘局，2006.

[24] JGJ 8—2016. 建筑变形测量规范 [S]. 北京：中国建筑工业出版社，2016.

[25] 王云江. 市政工程测量 [M]. 北京：中国建筑工业出版社，2012.

[26] 阚柯. 市政工程测量与施工放线一本通 [M]. 北京：中国建材工业出版社，2009.

[27] 高井祥. 测量学-第3版 [M]. 北京：中国矿业大学出版社，2004.